U0179811

给智人的极简人类进化史

DERNIÈRES NOUVELLES DE SAPIENS

〔法〕希尔瓦娜·孔戴米 〔法〕弗朗索瓦·萨瓦提埃 著
Silvana Condemi —— François Savatier —— 李鹏程 译

海峡出版发行集团
THE STRAITS PUBLISHING & DISTRIBUTING GROUP
海峡书局

图书在版编目（CIP）数据

给智人的极简人类进化史 /（法）希尔瓦娜·孔戴米，（法）弗朗索瓦·萨瓦提埃著；李鹏程译. -- 福州：海峡书局，2021.7

书名原文：Dernières nouvelles de Sapiens

ISBN 978-7-5567-0825-3

Ⅰ.①给… Ⅱ.①希… ②弗… ③李… Ⅲ.①人类进化－历史－普及读物 Ⅳ.①Q981.1-49

中国版本图书馆CIP数据核字（2021）第088681号

Dernières nouvelles de Sapiens
Authored by Silvana CONDEMI and François SAVATIER
Illustrations by Thomas HAESSIG

著作权合同登记号：图字13-2021-029号
审图号：GS（2021）3425号

出 版 人：林彬
责任编辑：廖飞琴　魏芳
装帧设计：@broussaille私制

给智人的极简人类进化史
GEI ZHIREN DE JIJIAN RENLEI JINHUA SHI

作　　者：〔法〕希尔瓦娜·孔戴米　〔法〕弗朗索瓦·萨瓦提埃
出版发行：海峡书局
地　　址：福州市白马中路15号海峡出版发行集团2楼
邮　　编：350001
印　　刷：天津联城印刷有限公司
开　　本：787mm × 1092mm，1/32
印　　张：5.5
字　　数：85千字
版　　次：2021年7月第1版
印　　次：2021年7月第1次
书　　号：ISBN 978-7-5567-0825-3
定　　价：55.00元

关注未读好书

未读 CLUB
会员服务平台

目录

引言

智人是一种奇怪的生物。我们的祖先起初择木而居，尔后从树上下来，开始探索地面生活。最终，他们进化为两足动物，开始探索整个世界——自此开始，一切变得皆有可能。这种不断变化的行为是史上最大的谜团之一，不过，借助史前科学近期惊人的新进展，谜团正被逐步解开。

通过对化石中的DNA进行提取和测序，我们发现，大约4万年以前，智人至少仍同另外三个人种共享这个地球；我们还得知，智人这个来自非洲的人种，与非洲之外的两个人种杂交过。根据新的化石证据，我们还证明了我们的祖先其实属于泛非洲物种，而非全都来自东非。此外，我们还发现，智人真正第一次离开泛非洲摇篮的时间，比我们先前认为的还要早10万年。

虽然这些年来，我们对智人已知之甚多，但关于人类的独特性到底从何而来，仍然有许多未解之谜。是气候变化迫使我们那些树栖的祖先踏上地面，到稀树草原上生活，进而引发了一系列复杂的身体结构进化，还是两足行走解放了我们的双手，让它们可以进行别的任务？是工具的使用，是发达的大脑，又或者，是共情与合作的能力，让我们成了人？

很长一段时间里，一直存在着相互矛盾的理论。但2015年，我们有了一个惊人发现：约330万年前，在那片如今被称为肯尼亚的土地上，出现了手工制作的石器。可最古老的人类化石大约来自280万年前，所以制造这些石器的手应该不属于人类，而很可能属于南方古猿，一种类人猿。由此看来，我们之所以成为人，并不是因为能够使用工具。

这则信息促使我们更详细地研究了人类的祖先，并发现了有关智人的新进展。在本书中，我们将重点关注“人化过程”（hominization）的发展阶段，即从300万年前的非洲南方古猿开始，类人猿向人类进化的过程（包括其中的文化方面）。这场惊为天人的转变，催生出一个认知能力强大、可直立行走的奇特物种，而其中进化程度最高的，便是继承了所有祖先遗产的智人。

我们都知道，智人发达的认知能力起到的首要作用，是帮助我们生存下去。但是在哪里？是在自然界中，还是在社会里？自然界中，形单影只的智人是弱势群体，但抱团之后，我们成了有史以来最强大的掠食者。从生态学的角度来看，一个物种可以无处不在，并将大自然变成自己的家园，最终把家园像现在这样扩大到全球范围，似乎是一项不可能的任务。本书中，我们就将解释这场令人费解的进化传奇，讲述“你”这一文化动物的历史。

第一章
从类人猿进化而来的两足动物

对自然资源与日俱增的使用，促使远古的灵长目动物逐步向最初的人类形式进化。这不仅让我们的祖先开始在地面上两足直立行走，让移动变得更高效，而且还触发了一种自我强化的循环：越频繁地两足行走，就越能成功地在地面上获取更多资源，进而强化两足行走的倾向，如此反复。不过，仅凭这一点，我们并不能解释人类为什么永久性地成了两足动物。

1748年，人类首次正式“成为”动物。在《自然系统》（*Systema Naturae*）一书中，瑞典植物学家、动物学家卡尔·林奈（1707—1778）将我们划分到一个有亲缘关系的动物群组之中——“属”——并称为“人属”，然后又把我们归入“智人种”。智人是现存的唯一人种。

智人属哺乳纲（给幼体哺乳的温血动物）、灵长目（每只手有五根手指、眼睛朝前、坐下时躯干直立）。我们不清楚灵长目最初在何时出现，但能确定它们在5600万~3390万年前的始新世时期便已经存在。我们也不晓得它们从哪儿来，但知道在7000万年前，恐龙主宰地球时，已经生活着一种原始灵长目动物，那就是老鼠一般大小的“普尔加托里猴”。恐龙刚一消失，包括灵长目在内的现代哺乳动物，数目就开始成倍增长。

如今，大多数灵长目动物都生活在热带地区，适应树栖生活。这表明，人类最古老的祖先（类人猿）生活在树木高大、果实丰盛的热带丛林中。今天的大多数类人猿都生活在非洲，说明人类可能起源于那里。

史前人族

从非洲发现的史前人族化石的数量来看，人属起源于非洲。今天，人科动物家族包括人、倭黑猩猩、黑猩猩、大猩猩、红毛猩猩（图1）。此外，我们还发现了很多化石，尤其是地猿、傍人、南方古猿这类史前祖先的，它们都属于人科。我们同它们的亲缘关系，要比它们同黑猩猩的更近。所以，我们可以把人科动物定义为所有外形与人类相似、同样可以两足行走的大猿。

珍贵的骨骼化石残片表明，人科动物在700万年前就

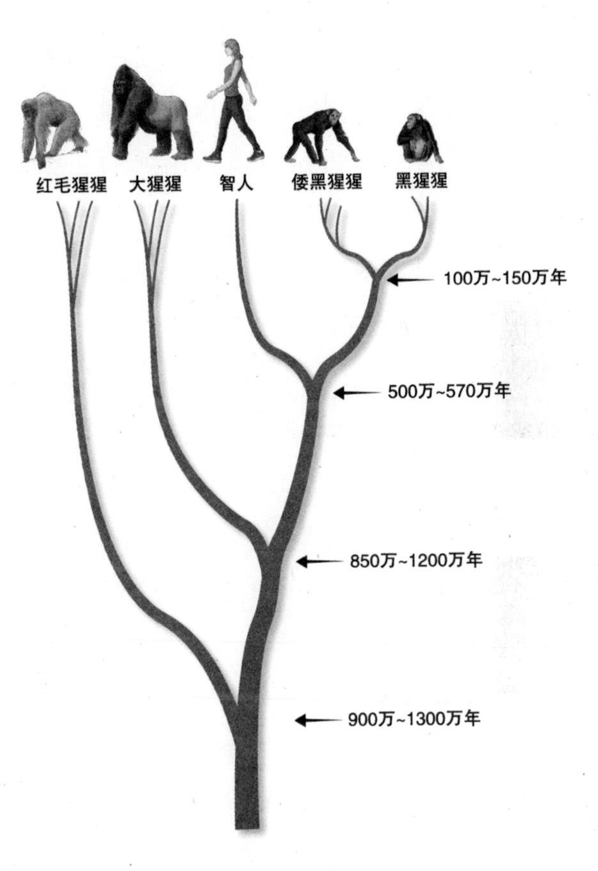

图1：人科谱系

人科的各个分支分化经历了几百万年，但由于缺乏化石证据，且基因数据也不够精确，所以我们并不知道确切时间。比如，黑猩猩属和人属的最后一位共同祖先，生活在700万~550万年前。

已存在。但这些残片还能揭示什么呢？事实上，有个很有趣的情况：人科动物的进化树看起来更接近一棵灌木，表明人族经历了一系列重要的进化阶段和时期，而且在此期间，同时存在着许多几乎拥有同一体形和生活方式的亲缘物种。

这些进化过程中的第一阶段，是从树栖、四足的姿态过渡到不完全的两足行走，换言之，这些人科动物可以用两条腿走路，但仍然在树上生活。其中一些物种你可能听过，比如700万年前的乍得沙赫人“图迈”、600万~570万年前的图根原初人，还有大约500万年前的地猿。图迈是最古老的两足行走竞争者，我们目前只发现了它的头骨和一块股骨残片，而且这些骨头还受古代乍得湖附近的沉积物影响，早就变形了。据它的发现者、法兰西公学院古生物学家米歇尔·布吕内说，图迈的枕骨大孔（就是头骨下方的大口，骨髓通过它连接大脑）的位置相对居中，位于头骨下方，而不是靠近脑后，这在很大程度上说明图迈已经适应了直立姿态，并在地上以双足行走（图2）。鉴于此，布吕内认为图迈是人亚族世系的一员，仍同我们和黑猩猩的共同祖先有较近的亲缘关系，不过，对于这能否充分证明其两足性，人们仍有争论。

就目前而言，我们还没有发现这一物种的其他研究样本，所以要给出定论很困难。

人亚族世系的另一位古老成员是图根原初人，由法国国家自然历史博物馆的古生物学家布丽吉特·塞努特、马丁·皮克福德发现。目前，图根原初人的化石只有十几块残片，分属于在肯尼亚三个不同地点发现的四个个体。这种古人类的特别之处，在于其股骨的形状要比早先发现的人科动物更接近智人，说明它常保持直立姿势。不过，从其猿般的弯曲拇指来看，它还是更适合爬树，依然保持着树栖的生活方式。埃塞俄比亚出土的地猿化石——卡达巴地猿（580万~520万年前）及其可能的继承者始祖地猿（440万年前）——保存状况要更好一些，能提供的信息也更多（图3）。

看起来，到达这一进化阶段的人亚族只能实现不完全的两足行走。换言之，它们的双脚已经能很好地适应走路，但仍像黑猩猩那样有对生的大脚趾。虽然这种“行走趾”严重限制了地猿的行走效率，但也方便它们迅速攀爬树木，毕竟其双手仍然拥有类似猴子的那种长手指。后来，地猿的某个种（可能是始祖地猿）进化成南方古猿，且极有可能是约450万年前的南方古猿湖畔种（图3）。

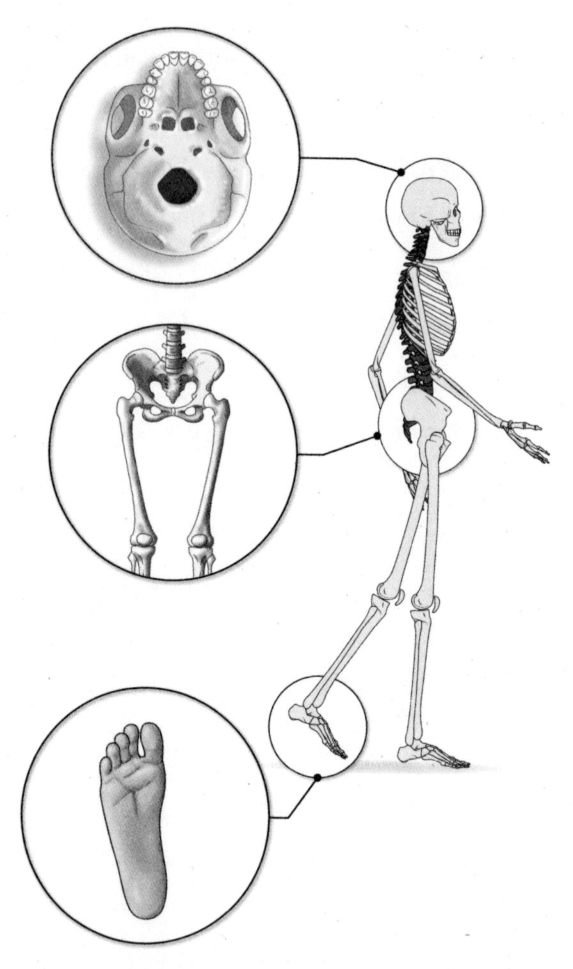

图2：智人和黑猩猩骨架的解剖比较

两足行走造成了巨大的形态学变化，这在所有骨骼中都能看到。不过，最主要的变化还是在于头骨底部的枕骨大孔位置、短而宽的骨盆（提升平衡性、允许双腿垂直摆放），以及大脚趾与其他脚趾位置的并列。

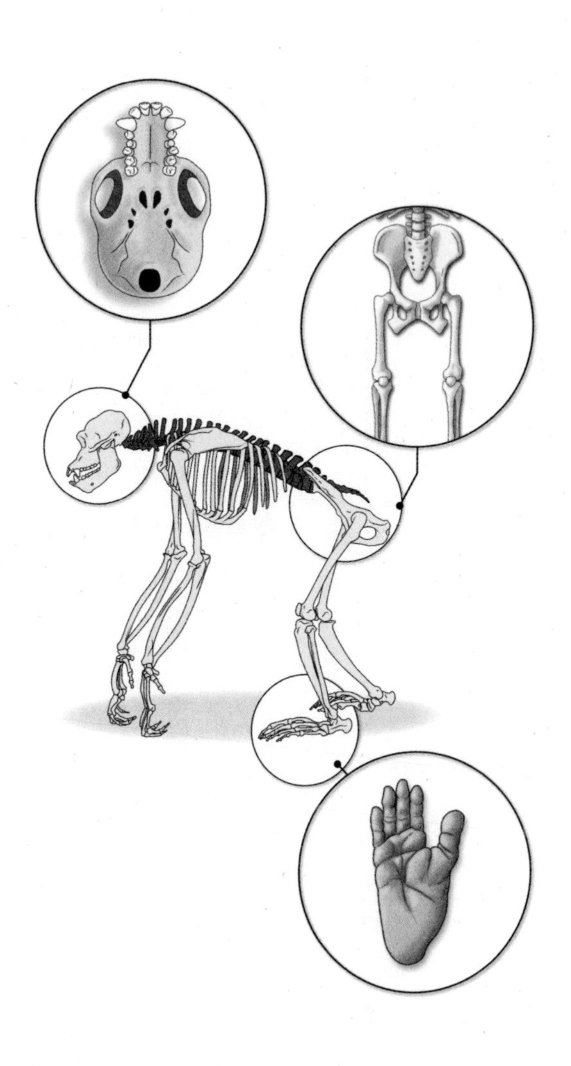

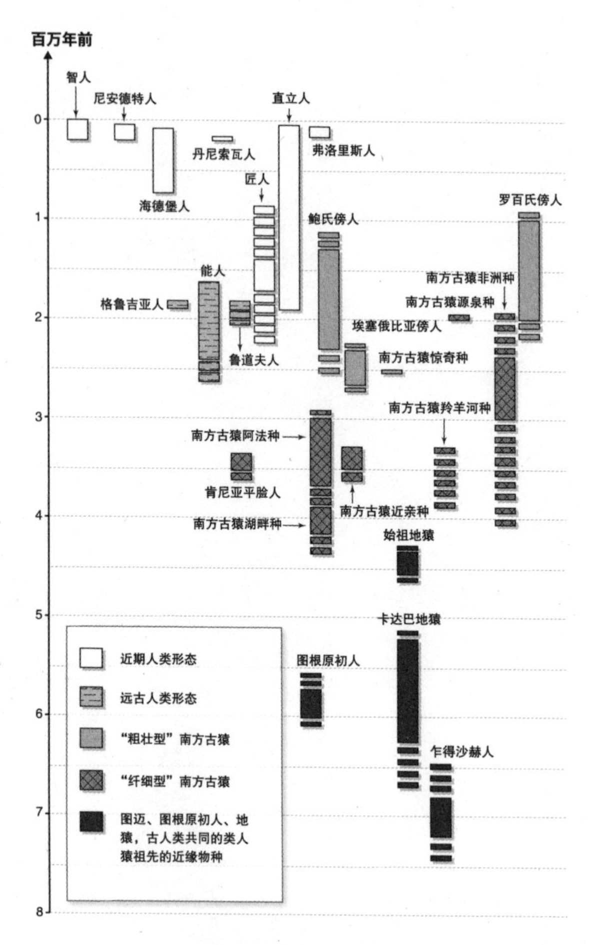

图3：人类及前人时间表

这个人科动物谱系包含了所有人属物种及先前的近亲，如南方古猿、傍人、地猿、图根原初人、乍得沙赫人。现存的唯一人种只有智人，但基因研究已经表明，智人曾同尼安德特人、丹尼索瓦人发生杂交。

跟随南方古猿的脚步

人科动物进化的第二个重要阶段就恰当多了，出现了第一个真正的两足物种：南方古猿。虽然这个属的名字指的是它首次发现于南非（1924），但该物种在东非大裂谷中也有发现（图4）。而且更令人不可思议的是，有关南方古猿的最古老证据并不是化石，而是一些被保存下来的脚印。这些脚印属于南方古猿阿法种中的三个个体，就是著名的露西所属的那个种。大约380万年前，在一个叫“莱托里”的地方（位于今坦桑尼亚），萨迪曼火山爆发后，给周围地区盖上了约15厘米厚的火山灰，进而保存下了这几位曾一起走过那里的南方古猿的脚印。

这些脚印之所以特别有趣，是因为它们与当今人类的脚印非常相似（图5）。第一个趾头——大脚趾——不像类人猿那样与其他四趾对生，而类似智人，与另外四趾并排。因此，虽然南方古猿的足弓（纵向和横向）不太明显，但双脚与我们的很像。此外，我们还能从这些脚印中得知，南方古猿双脚行走时的支点靠近脚跟，也就是说，它们还没有进化出人类特有的那种行走方式——脚趾先离地，然后收紧足弓，脚跟再踩地。

它们的双手也与我们的相似，只是拇指的第一节指

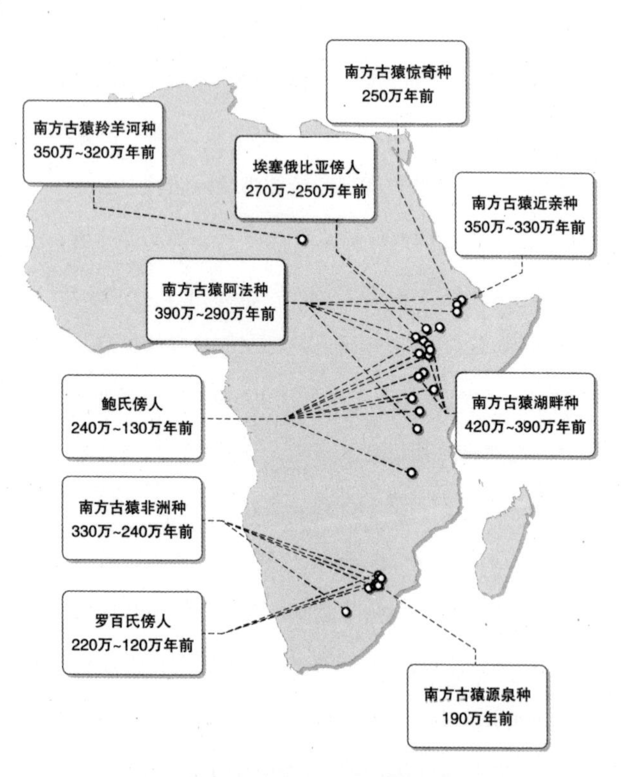

图4：“纤细型”南方古猿和傍人
（曾一度被称作“粗壮型”南方古猿）在非洲的主要发现地点

非洲北部和西部并未发现南方古猿。“人化过程”始于这些南方古猿中的某一种（可能是南方古猿湖畔种）。

骨无法像人类的那样活动自如，且手指较长、略带弯度。这种形状的手，再加上长长的手臂、狭窄的肩膀和由下到上逐渐变窄的胸部，显示出它们的身体具有适合爬树的敏捷性。

上述特征在其他南方古猿的种类身上也有发现（图4），尤其是起源于南非的南方古猿非洲种（300万~260万年前）和南方古猿源泉种（200万年前）。不过，后者的下肢相对较长，表明其体形较大——这将成为人属相关化石的关键特征。

尽管南方古猿的手、脚与我们的类似，但它们似乎并不只用两足行走。一些古生物学家曾将其与倭黑猩猩作类比，也就是说，它们有高度发达的社交生活，大部分时间都在地上觅食，但其生存依然主要依赖树木，特别是会为了安全而爬到高处。这让我们不禁好奇，难道它们会像黑猩猩那样在树上筑窝？正是考虑到黑猩猩的这种行为，得克萨斯大学奥斯汀分校的约翰·卡普曼及其同事在重新检查过露西的骨骼后，才在2016年某期《自然》杂志上发文称：她是坠树而亡。

那么，是什么导致某些人科物种向两足直立行走进化呢？法兰西公学院的伊夫·柯本斯（同美国人类学家

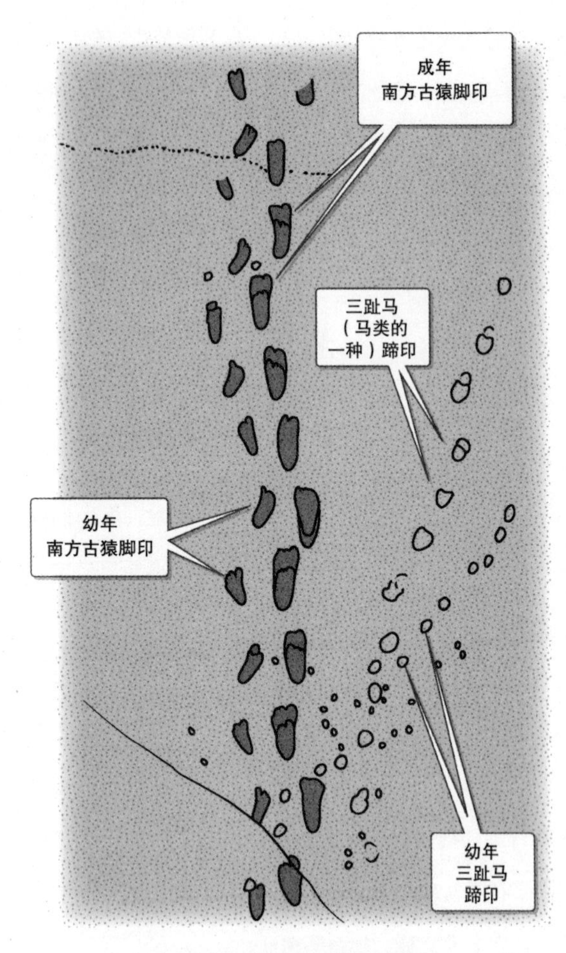

图5：莱托里火山灰中的南方古猿脚印

1974年，考古学家玛丽·利基在坦桑尼亚的奥杜瓦伊峡谷以南45千米处，发现了三只南方古猿和两匹三趾马的脚印。通过钟-氩定年法确定，其年龄已有370万岁。

唐纳德·约翰逊共同发现了露西）认为，其根源是东非大裂谷的形成引发了气候变化。根据被他称作“东区故事”（East Side Story）的理论，这一地质事件的后果是非洲东部的一部分森林被稀树草原取代，原本习惯了树栖生活、四足行走的灵长目动物，不得不迁移到更适合两足行动的开阔地带，进而推动了它们向两足行走方式的进化。

但柯本斯的理论（亦称“稀树草原假说”）同最新的环境数据并不吻合。实际上，图根原初人、地猿，甚至是露西，都生活在如马赛克图案一般相间的植被区，有茂密的丛林，也有灌木和靠近水源的稀树草原。有些研究者称，我们的直立姿态始自曾经的树栖生活，有利于在树上采食时站立起来。因此，对这个问题，我们还没有一个终极答案。

人属——习惯性两足动物

进化的第三个重要阶段——也就是我们目前仍然所处的阶段——便是习惯性两足行走（obligate biped），即在陆地上完全采用并适应两足行走。从生物力学角度来讲，这种行动方法似乎要复杂很多，且为陆生脊椎动物独有。事实上，它是人属的决定性特征，可以用来区分我们和其他人科动物。但这是如何发生的呢？我们认为，这是由南方古猿的非完全两足行走渐次改进而来的。密苏里大学的卡罗尔·沃德通过对南方古猿阿法种的足部骨骼进行深入研究，证实了这种观点。她提出，露西的亲属们拥有足弓，意味着它们已经采用了同我们相似的行走方式，由此可算作“半人”。

从兼性两足行走（facultative biped）变为习惯性的进化方向，在大部分古人种身上都可以得到证实，尤其是在曾生活于非洲东南部地区的能人（280万~144万年前）身上。虽然其脑量不算大，与南方古猿接近（约为我们的1/3），双脚却同如今人类的非常相似。根据我们目前拥有的近乎完整的化石可以看出，能人的脚不易弯曲，同样拥有足弓和与我们比例类似的骨骼。法国国家科学研究中心的人科行动专家伊薇特·德洛松指出，这表明能人是习惯性两足行走生物。

同能人几乎一样古老、只在非洲东部被发现的鲁道夫人（245万~145万年前），相较而言更为健壮，脑量也略发达，且明显同为习惯性两足动物。由此显见，习惯性两足行走是区分人属和南方古猿的重要特征。这也正解释了，为什么古生物学家之间的主流假说是：朝两足行走进化，标志着南方古猿开始向人类形态转变。

人属——地球的主人

但仍有个问题：是什么引发了这种进化？毕竟，肯定有某种因素促使南方古猿的某一支后代在耗费更少能量的情况下，开始更大规模地利用地面上的自然资源。有大量研究支持这一观点。2010年，亚利桑那大学的大卫·赖克伦领导的研究团队得出结论：如果走同样远的距离，两足行走的人类所消耗的能量，仅为四足行走的黑猩猩消耗的1/4。

该研究团队还发现，其实不管黑猩猩两足走还是四足走，消耗的能量都差不多。因此，无论它们是呈直立姿势、迈着小步跑，还是四肢着地、用尽全力跑，消耗的能量都比人类多。所以，古人类一旦学会利用地面自然资源，那么进化便只能朝着能量消耗逐渐减少的方向发展，这意味着双足行走生物会越来越多。

在更广阔区域中来回行动的需求带来了选择压力，使得两足行走越来越频繁。法国国家自然历史博物馆的萨布丽娜·克里夫带领的研究团队，在乌干达的基巴莱国家公园观察到，一只黑猩猩的典型栖居地面积大约为

20平方千米，但大部分时间里，它们只会在1/4的范围内活动。而相比之下，据人种志学家估计，一群狩猎-采集者所需的活动范围至少要达到1300平方千米（根据气候有所不同：在温暖的地区，资源丰富些；在较冷的气候下，资源可能稀缺）。此外，由于生活环境中存在许多猛兽，对脆弱的史前人类（比如露西身高才不到一米）构成了威胁，所以两足行走也会给勘察环境提供更多优势。

某种强大的进化加速器

然而，朝着能更有效地利用自然资源的方向发展，并不足以完全解释我们为何会向习惯性两足行走动物进化。别忘了，在进化的第二个重要阶段，几个有亲缘关系的南方古猿种曾同时存在，虽然它们已在大部分时间里都用两足活动，但并非都朝着习惯性两足行走的方向发展。对于这种奇怪的现象，最可信的解释是，南方古猿的某个世系“加速”了进化过程，比其他种更快发展为习惯性两足行走，进而在获取地面自然资源上取得了更大的成功。随着时间的推移（大约100万年），这一世系变得越来越有优势，先后导致了同一生态位内外其他亲缘物种的灭绝。

第二章
进化的加速器：文化

文化加速了某些南方古猿工具制造者的进化，人类世系由此开始出现。那些工具制造者更高的身形、更大的脑量触发了人化过程，使规模更大、配合更好的人类社群得以形成，并通过“语言梳毛”维系下去。

什么原因促使某些南方古猿的某些世系变成了人？我们认为答案很明确：文化。这里的文化指的是某一动物群体在一定空间（同一群体的成员之间）和时间（代与代之间）内共有的行为特征、符号和观念。根据这一定义，海豚群体或黑猩猩群体中也存在文化，只不过在进化方面，文化对这些动物的影响与对人类的影响并不相同。随着两足行走解放了双手，南方古猿的某些世系是否发展出了不同的文化？是的，这一猜想在2015年得到了证实：早在已知的人属出现之前，石器便已存在。当时，法国国家科学研究中心、石溪大学的史前史学家索尼娅·哈蒙德带领一支研究团队，在洛迈奎3号考古遗址（位于肯尼亚的图尔卡纳湖西岸不远处）发现了迄今已知最古老的石器（制造于约330万年前），进而证明了人科动物生活方式的改变。而迄今已知最古老的人属化石，是一块被称作LD 350-1的下颌骨残片（上面仍连着六颗牙齿），发现于埃塞俄比亚的莱迪－热拉罗考古遗址，距今约280万年。因此，在洛迈奎3号发现的石器——说明那里曾存在一种石器文化，后被称为“洛迈奎文化”——要比最古老的人属化石还早50万年。对于如此令人困惑的新发现，最简单的解释就是这些石器是由当时唯一的人科动物（某种南方古猿）制造的。

有文化，但脸平

索尼娅·哈蒙德的团队将注意力转向了在附近发现的肯尼亚平脸人。这一化石的面部不像典型的类人猿那样长，而是比较短，一些古生物学家认为，这与南方古猿阿法种和早期人属的特点类似。肯尼亚平脸人似乎与南方古猿处于同一进化阶段，尤其是同一时代、同一地区的南方古猿阿法种。鉴于330万年前的肯尼亚应该没有外星人，所以最合理的结论便是，洛迈奎3号发现的那些石器是由南方古猿阿法种或肯尼亚平脸人制作的。但不管是谁，我们都可以认定，最早的工具制造者可以追溯到南方古猿的进化阶段。工具制造是一种文化现象，且先于人属出现。

我们真的能相信这种说法吗？可以。原因就是根据灵长目动物学家、人类学家珍·古道尔20世纪60年代在坦桑尼亚贡贝溪国家公园对黑猩猩的研究，我们已经知道非人类人科动物也会使用工具，只不过它们使用的是客观环境中业已存在的工具，如棍棒或石块，用于挖洞或砸开坚果。相比之下，洛迈奎3号发现的石器则是经过刻意凿击制成的工具，有着锋利的边缘。制造这些石器的方法有两种：直接砸向固定住的石砧，也就是拿小石头往大石头上砸，使之有刃；或者间接砸向石砧，即把一块石头摁在大石头上，再用另一块砸。如此复杂的过程表明，这类技能由群体掌握，进而在该文化传统的框架内传播（图6）。

此外，这两种打制石器的方法还说明，与物种的进化一样，技术的进步也会“灌木化”：方法时常变化，衍生出的新枝干很快便会枯死，但主干还在继续生长。正如在这项研究中起到过突出作用的法国国家科学研究中

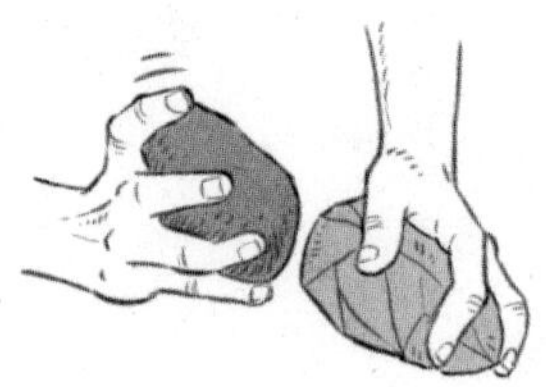

2

用硬锤法打制手斧
（砍刀的发展品）

3

用软锤（鹿角）
剥制石叶

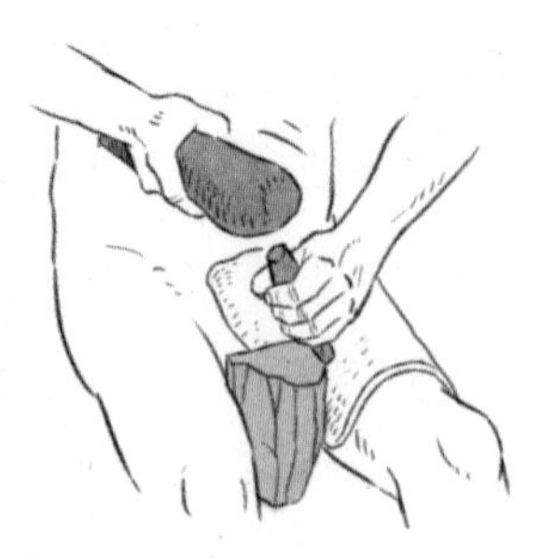

图6：石器的制造

石器的打制技术早在智人出现前便已相当先进。这些技术包括：先徒手使用硬锤在一块石头上制作刃口（1），然后通过打制获得两面加工的手斧（2），再借助软锤间接打制（3）。

心史前史学家伊莲·罗谢解释的那样：“上新世—更新世时代的行为进化极为复杂，程度与生物进化不相上下。”我们应当注意到，洛迈奎3号所属的时代，正是上新世—更新世。

现在，一幅惊人的画面出现了：从上新世（530万~258万年前）末期到更新世（258万~1.17万年前）初期，很可能有几种南方古猿种制造并使用了石器——即便不是为了捕猎，也至少是为了切割食物、收割根菜、分割已死的动物。

在距今约340万年的牛骨化石上发现的石器切割痕迹有力地支持了这一观点。同时，在牛骨出土的地方，专家们还挖掘出一只生活年代距今约330万年的雌性南方古猿阿法种。此外，南方古猿会制造工具，也通过其他发现得到了进一步证明：在埃塞俄比亚阿瓦什河附近的鲍里地层中，专家们发现了距今250万年的南方古猿惊奇种，以及一些打制的石器。虽然该化石和石器之间的地质联系仍有争议，但有一点很明确，那就是南方古猿中会制造工具的某个种，必定是人类石器技术的源头，开启了智人用技术统治世界的进程。

人属的"人化"

有了这些考古学证据和资料，我们现在就可以宽泛地描述一下人化过程，或者说导致人属出现的过程了。人属发源自会制造工具的南方古猿世系，是两足行走和文化传播相结合的成果。这些个体可以直立行走后，能充分且更大规模地利用周围环境，也加强了群体成员之间的合作。这又导致模仿能力（认知能力）的提升、手工技能（通过认知和手的进化，尤其是用手制造石器的技术）的发展，以及直立奔跑能力（通过身体的进化）的出现。然后，这些变化又反过来增进了群体内部的合作，使得它们能更好地利用栖息地。简而言之，由于选择性社会压力,一个有力的自我强化周期开始了。就这样，向两足行走的漫长进化导致前人类物种出现，最终又导致人类诞生。（前）人类的生理和文化，早在人属出现前就已在共同进化了。

身更大，头更大

这是个不错的理论，但有可以支持这种强化周期存在的化石证据吗？当然有，前提是我们得接受这样一个观点：在借助工具利用地面自然资源方面，更高大的身材会更具优势。体形越高大，胳膊就越长，投掷物体时就更有力量（人类肩膀的构造使其投掷物体的速度比其他物种快许多），扔出的石块更有杀伤力，用棍棒挖地时能挖得更深，能使用更长的矛，等等。

如果我们沿着这个思路继续想，那么人化过程便是某些前人类世系经过自然选择后，身材变得越来越高大，最终达到了生理上的最优状态。此外，这些人科动物的体形变大后，会更容易利用越发多样的自然资源（如肉、根菜、蜂蜜、坚果、水果等）。石器的使用、更好的群体组织和协调能力，不但帮助它们在更大范围内获取了此类资源，也说明它们的认知能力越来越强大。

我们知道，随着时间的推移，人类的身高确实有所增加，从约1.31米（能人男性）提高到了约1.70米（智人男性）。与此同时，脑量也从约400立方厘米（能人男性）增加到约1350立方厘米（智人男性）。然后，脑量继续增加，直到达到智人大脑的最优生理状态（现已灭绝的尼安德特人拥有人属中最大的脑量，近1700立方厘米）。

但我们要清楚的一点是，并不是脑量越大就越聪明，大象的脑量比我们大很多，但也并不比我们聪明。认知能力会随着脑量的提升而增强，但要评估其程度，我们就必须用到脑化指数，即在脑重量与身体重量之间建立一种联系。大猩猩的脑化指数为1/230，黑猩猩的在1/90到1/180，而今天的人类仅仅为1/45。因此，如果我们假设图迈的进化阶段与黑猩猩的相当，那么人类的脑量在700万年里便翻了两番。在过去的50万年里，从海德堡人开始（大部分古人类学家都认为这是尼安德特人和智人的共同祖先），这种大脑生长更是加快了速度（图7）。

我们已经看到，渐次出现的（前）人类物种可以作为证据，以证明自我强化的循环存在：越来越频繁的两足行走→更大的活动范围→更高大的身形、更强大的认知能力、更灵活地利用资源→越来越频繁的两足行走……如此循环往复。

还有一个指标也可以证实这种循环的存在，并揭示出灵长目认知能力的进化在很大程度上是为了整个社会组织以及满足个体对社会适应能力的需求。1993年，当时在伦敦大学执教的莱斯利·艾洛教授和罗宾·邓巴教授，研究了灵长目社会群体的规模与其新皮质厚度的关系——新皮质位于大脑最表层，被认为掌控着认知能力。灵长目群体要想正常运转，就必须投入时间和精力，互相进行身体护理（如挑虱子），以此建立并维持社会关系。

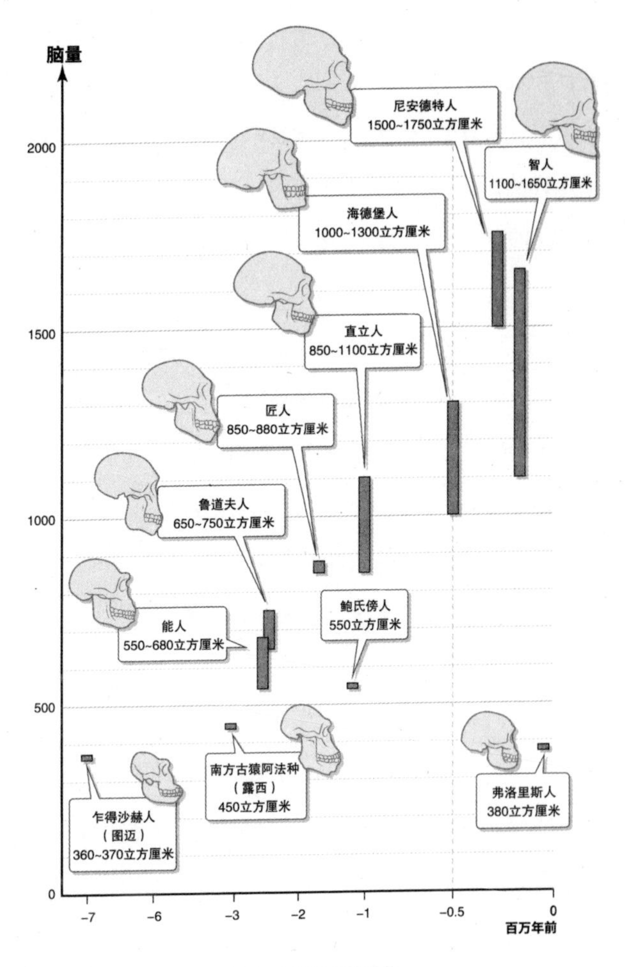

图7：人族脑量的进化

随着人类的进化，其脑量逐步增加。大约50万年前，从智人和尼安德特人的共同祖先开始，人脑量便不再与身体重量成比例，慢慢越长越大。

具体到黑猩猩身上，这种“社交梳毛”行为大概会占到其日常生活16%以上的时间。艾洛和邓巴从当代灵长目动物的行为数据中总结出一条数学定律，并将其应用到了人科动物身上。两人得出的结论是，南方古猿大约会把20%的时间花在“社交梳毛”上，到了尼安德特人和智人，这一比例则增加到了45%。不过，我们现在已经不会为了维护社会稳定而把一半时间都花在互相挑虱子这件事上了，而其中最显见的原因，便是我们的社群通常会包含几百人（就我们维护的关系而言）甚至更多（如果把那些我们不去维护的关系也算进来）。

研究人员认为，我们抛弃了“社交梳毛”，转而用一种更新、更有效的方式来建立关系，这种方式就是语言，可以同时给许多人“象征性地梳毛”。对人类对话的分析表明，我们大概将60%的时间花在了闲聊人际关系和个人经历上。艾洛和邓巴提出，语言的进化使个体可以更加迅捷地了解群体成员的行为特征，而不必再单纯依赖直接观察这种速度较慢的方式。

第三章
我的大脑袋（差点儿）害死我

我们的生理习性被文化改变后，又反过来通过进化，催生出更丰富的文化。这种现象首先可以从生理机能方面看出来：大脑要想正常工作，身体就必须储存足够的脂肪。此外，从生殖方面也可以看出：随着大脑尺寸增大，我们的生殖方式已经被逼得突破了灵长目生产行为的极限。由于儿童发育成熟所需的时间不断增加，育儿开始需要越来越多的合作，从而逐渐成为一种协作性的社会活动。

在人类漫长的进化史上，人化过程有一个我们很有必要了解的关键点，即文化深刻地改变了我们最初的灵长目生理习性。从习惯性两足行走的出现开始，再到人化过程，选择压力都十分强大，不但促使我们的脑袋变得更大、脊柱变成S形、腿变长、臂变短、骨盆变窄，还重置了我们的消化系统和认知能力。大脑的全新发育，导致了人类生理和行为的彻底重构。

进化将人类颅骨的发育推到了生物学的极限，尤其是对女性的身体和新陈代谢而言，更是超出了生理学上的合理程度。众所周知，女性分娩是一个十分痛苦且充满危险的过程。人类的分娩时长平均为9.5小时，是大猩猩、黑猩猩、红毛猩猩的5倍。这一点很好解释：脑量的增加导致头颅变大，因此无法轻易通过盆腔。正因如此，新生儿的颅骨才会又软又韧，可以忍受一定程度的变形，以便顺利生产。分娩开始后，胎头因为比较大，中间必须经过几次旋转，才能顺利通过产道。

胎儿若在子宫内待的时间再长些，便无法自然生产了。假如人类婴儿在子宫内长到我们的近亲黑猩猩出生时的那个发育阶段，他们的头就会因为太大而无法通过产道。所以，人类婴儿出生时，颅骨和大脑并没有发育完全，和其他物种相比，甚至可以说极其不成熟（图8）。

婴儿出生后，大脑在前七年内会不断长大，但在此期间，这个小人儿并非独自待在子宫里，而是被亲人们包围着。因此可以说，在大脑发育完全之前，孩子便已经处在社交生活的影响之下。为了完善大脑的发育，人类用“社会子宫”取代了母亲的子宫。对于我们出色的

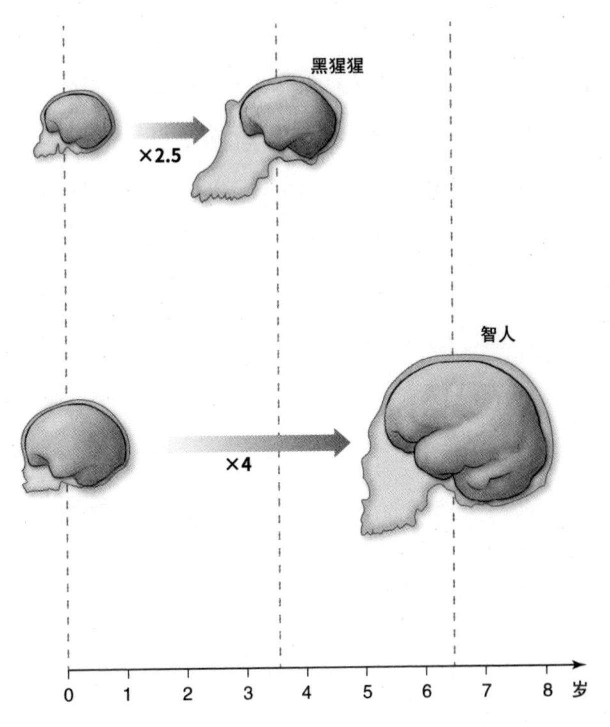

图8：智人大脑和黑猩猩大脑从出生到成年的发育情况

黑猩猩的大脑在3岁半左右便能达到成年水平。相比之下，智人的大脑在出生头一年内发育得很快，但要到6岁半才会发育到成人水平，到18岁才发育完全。纵贯一生，人的大脑会因对刺激物的反应而不断变化。

认知发育，一定程度上还可以从大脑的另一个特点来解释，即发育成熟后，人脑会包含约860亿个神经细胞，而相比之下，我们的近亲黑猩猩只有约60亿个。人脑的新皮质是名副其实的思考机器，占到整个脑量的33%，而黑猩猩的只占17%。到1岁时，幼儿的大脑已有成人的2/3大小；到6岁时，就已经完全达到成人水平，但负责暂时存储信息的前额皮质区域还会继续发育，直至成熟。这个过程虽然在青春期会基本结束，但在获得新知识后仍会继续。与此同时，大脑发育完全后，还会通过“修剪”，也就是清除那些不会被刺激物定期激活的神经连接，来达到继续成熟的目的。我们都知道，在任何年龄段，大脑都可能根据我们的生活体验而不断突然重新配置自己。

人类能生，要感谢长寿……

从远古时代开始，我们的大脑袋就让无数妇女和胎儿因难产而丢掉性命，但这并未阻止我们继续生育。恰恰相反，全世界人口现在已经达到75亿。那么，我们要如何解释这一矛盾？鉴于人脑的发育比较慢，只有双亲活得久一些，大脑才有可能发育完全，所以人类采用了生态学家所谓的“K选择”策略，即子代数量少、妊娠时间长、亲代抚育时间长、子代达到性成熟所需时间长。与此相对的是“r选择”，采用这一策略的物种子代数量多、妊娠时间短、亲代抚育时间短、子代达到性成熟所需时间短。

不同于那些选择r策略的物种——比如有些鱼一次产50万颗卵，但大部分会被天敌吃掉——人类的生殖策略是将低生育率和大量亲代投资结合在一起。这就是为什么几百万年来，人类文化在育儿方面扮演了关键角色。事实上，人类的育儿活动是一种协作性行为：儿童有时由其他女性、男性照顾，有时由兄弟姐妹照顾（可以近距离从他们所受的教育中获益）——以及更重要的——如果祖母或外祖母还健在，则由她们照顾。中央密歇根大学的瑞秋·卡斯帕里和加利福尼亚大学河滨分校的李相僖提出，从旧石器时代晚期开始（4万~1万年前），人类群体中出现年长者才变得越来越普遍。寿命的增长意味着年长者开始在育儿活动中扮演更重要的角色，可以根据自身经验教育孩子，进而为人类文化的演进做出巨大贡献。

长期以来，祖母或外祖母一直在帮助抚育孙辈，有效地提高了新生儿的存活率。由此，人类的自然选择让女性在离去世还很远的时候就丧失了生育能力。这基本上可以解释为什么人类的更年期比较长，而其他灵长目动物（如类人猿）通常在进入更年期之后不久便会死掉。

……以及脂肪

同样，胖女人（以及更胖的男人）的血统，也更受自然选择的青睐。2010年，由哈佛大学人类进化生物学系的灵长目专家理查德·兰厄姆领导的研究团队发现，爱坐不爱动的人类要比其他灵长目动物更肥胖，就连动物园里那些成日安坐笼中的都比不了。兰厄姆认为，人的这一特质虽然在今天备受鄙夷，但却有其存在理由：尽管人的性成熟时间较晚，妊娠时间也较长，可人类女性能在身体的不同部位储存能量（育龄女性的体脂要比男性多25%），所以她们能够连续怀孕，并在生产次数方面超过雌性类人猿。而人的脂肪储量之所以增加，也出于同一个原因，那就是人脑比较大：母亲体内脂肪存储多一些的话，即使遇上灾荒或别的什么困难时期，胎儿也能正常发育，母亲的大脑在哺乳期间也可以正常运转，进而提高二者的存活率。条件好的时候，人类胎儿在出生时就已经很胖了——而我们也会本能地认为这很可爱。

基本上，人脑要正常运转，就会消耗相当可观的能量。大脑对温度十分敏感，所以即便在休息时，也需要一定能量来维持正常体温水平。此外，人体中生命机能（呼吸、体温调节、身体运作）和生命器官（心、肺、肾、肝）的运转，也需要能量。维持生命的最低能量值（也就是我们所说的基础代谢率）会因人而异，影响因素包括体形、年龄、性别、气候条件等。儿童的基础代谢率要比成人高很多，特别是在从出生到7岁前的大脑发育期内。虽然人脑只占体重的2%~3%，但消耗的能量却占到了基础代谢率的20%~25%。当然，人脑加速运转时对能量的需求更大，这一点与其他灵长目有很大差别。2016年，纽约城市大学的赫尔曼·庞泽率领研究团队，对比了人类与类人猿在休息状态下的能量消耗，发现人类每日平均消耗比黑猩猩或倭黑猩猩多400卡路里，比大猩猩多635卡路里，比红毛猩猩多820卡路里。如此高的新陈代谢率（或者说卡路里消耗量的增加），只能用人脑比较大，所以能量需求比较高来解释。

第一口有机肉

所有古生物学家都同意，将动物蛋白引入人类饮食结构，对我们那台大型思考机器的进化起到了关键作用。一份肉不仅能提供能量，如蛋白质和脂肪，还能提供人体必需的多种维生素和矿物质。

考古学证据表明，纵观历史，狩猎－采集者会竭力获取高能量肉类（脂肪含量高的肉）。所以他们才会下定决心，冒着极大风险去捕杀那些体形庞大、总是很危险的动物，如长毛象、野牛、犀牛、海豹或鲸鱼，最终成为世界头号捕食者。顺便再说一句：大约在1万年前，智人为了能更方便地吃到肉而开始驯化动物时，最初主要饲养的也是猪、牛、羊这类脂肪含量高的动物，后来才把目光转向禽类和马。同样，人类最早培育的植物也都是富含能量的那些（一开始是小麦，后来是豆类）。

1995年，莱斯利·艾洛和彼得·惠勒在《当代人类学》（*Current Anthropology*）上发表文章，提出所谓的“高耗能组织假说”（expensive tissue hypothesis），认为人属的进化对可用能量进行了再分配，将其中很大一部分从其他器官（尤其是消化系统）那儿调配给了大脑。从匠人开始（190万年前），人属的大脑越来越大，而代价便是肌力在一定程度上的减弱和肠道的缩短（图9）。类人猿的大肠

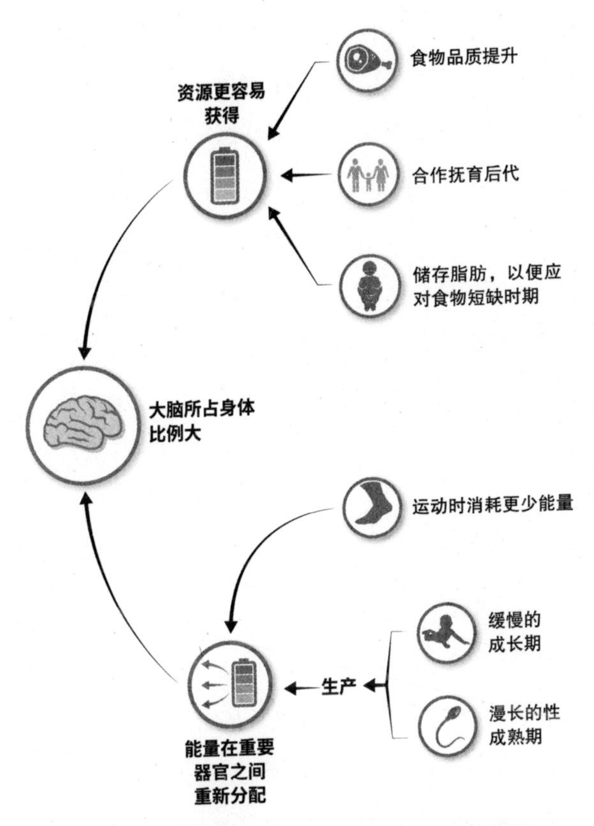

图9：为了适应我们不断变大的大脑而采取的进化和适应策略

人脑要想保持正常运转，就得消耗相当可观的能量，约占总能量的20%。人属进化过程中发生的各种生物和文化变化，使我们有可能将可用的能量从其他器官（尤其是消化系统）保存下来，调配给越来越大的大脑。

适于消化大量树叶和成熟果实，因为这类食物的营养含量相对低，而匠人能获得更丰富的食物资源（包括淡水鱼、甲壳类水产等），所以他们的肠道与能人、南方古猿的相比已经短了不少。随着人类食肉趋向越来越强，其肠道也持续缩短。鉴于前面提到了狩猎者捕杀长毛象的惊人之举，所以这里有必要强调一下，虽然和类人猿相比，我们确实变得更弱了，但其实我们的肌肉一直都能获得足够的能量，来完成这类大型捕猎活动，因为人类肌肉消耗的能量只占基本代谢率的20%，而大猩猩的这一数值为40%。

学会用火

除了获取富含能量的食物，我们的祖先还学会了利用火让这些能量物尽其用。烹煮是准备食物的有效方式，可以使其更易咀嚼和消化，并提升卡路里价值。研究表明，烹煮后的淀粉有35%可以被消化，而生淀粉只有12%；烹煮后的蛋白质有78%可以被消化，而生蛋白质只有45%。多亏了烹煮，今天我们消化系统所需要的能量只占到了基础代谢的10%。

人类是什么时候学会控制火的？中东地区公认最早

的炉灶，比如位于以色列雅各布女儿桥的那些，可以追溯到79万年前。在欧洲，捷克共和国普列斯勒提斯的炉灶遗址可追溯到70万年前；法国布列特尼的德雷干山和匈牙利韦尔泰什瑟勒什的那些，可以追溯到45万年前。而在中国周口店地区的一处炉灶，则可以追溯到42万年前。

因此，在70万年前的欧洲，尼安德特人和智人的共同祖先海德堡人已经学会用火。那非洲呢？在南非斯瓦特克朗斯洞穴中发现的270多块焦骨便是烹煮肉类的证据，证明火的使用确实可以追溯到远古时代，至少已有150万年历史。在肯尼亚的切苏旺加遗址，火的痕迹可追溯至140万年前，但这个火种是否已被人类控制尚且存疑，也可能只是使用“天然”火，而非真正“学会了”用火。这场争论仍在继续，不过理查德·兰厄姆在2009年出版的《着火：烹煮如何让我们变成人》（*Catching Fire: How Cooking Made Us Human*）一书中提出，160万到180万年前，非洲匠人和亚洲直立人的脑量迅速增加就与火有关系，因为火给偏好食用动物蛋白的人类提供了优势。此外，学会用火也有利于工具的制作。德国至少有两处海德堡人遗址可以证明这一点，一处在勒林根（50万年前），一处在舍宁根（40万年前），两地出土的木质长矛在边缘上都有被火烧过的痕迹（目的是提高硬度）。另外，火对古人类社交生活的发展也很重要：人们开始围坐火堆旁，分享各自的经历。

第四章
习惯性两足行走对我们的影响

两足行走解放了我们的双手。这一生物学进化同时也受到了文化进化的影响，使我们的双手变成了名副其实、能力超群的工具制造机，不但拥有成千上万的感觉接收器，还需要很大一部分大脑来指挥。此外，两足行走还让整个身体重新得到配置，使我们能够奔跑起来，而奔跑反过来又让我们甩掉了皮毛。

人类越来越习惯两足行走，并因此能够更充分地利用越来越广阔且多样化的地域，最终彻底习惯了地面生活，文化和生理也由此开始互为影响。这种共同进化的一个显著表现，便是“史前物质文化”的演变。从以石器为开端的文化遗迹中，我们可以发现，双手随着大脑一起进化，并且在后者的指挥下变得越来越熟练，掌握技能也越来越多样化。

在洛迈奎3号发现那些被认为是南方古猿制造的工具

以前，有很长一段时间，人们都认为只有人类才会制造工具，人类由此才被称为“工具制造者”（Homo faber）。按照该观点，制造工具被认为具有绝对的独一性，可以将人类和其他原始人类、早期人族区分开来。约260万年前，在埃塞俄比亚一个叫戈纳的地方，能人用自己的双手打制出各种石器，大脑由此开始变大，为进一步制作和完善这些工具提供了必要条件。

这个观点显然有些夸大其词，因为最早的工具制造者很可能不是人属成员，而是某个南方古猿种。这再次证明了人类的进化分支确实更像“灌木”。不过，很显然，工具的制造和使用给我们的生理特征（尤其是手）以及我们的认知能力（尤其是大脑中负责指挥手的部分）施加了相当大的压力。

手——名副其实的工具制造机

石器制造方法的演进，反映在手的进化上。人化过程的标志性结果之一，便是我们的手与其他原始人类的手有着显著的差别。随着时间的推移，人的手越进化越小，这一点在大拇指上体现得最明显（拇指中间少了一块骨头），其他手指和黑猩猩的相比也短了许多。人手包括29

块骨头和同样数量的关节、35块肌肉、100多条肌腱，以及庞大的神经和动脉网络。此外，我们的手指骨骼也不像类人猿那样弯曲，而是直的。人的五指中，最强大的是与其他四指相对的拇指，单它就要用到9块肌肉和3条主要神经。我们的手指之所以能独立、灵活地活动，就是因为有无数通过神经控制的肌肉运动和腱传动——与牵线木偶上的绳线十分相似。

和其他原始人类的手相比，人手在灵活性上无可匹敌，既可以呈现出各种钩状，又可以作为支点；可以灵活、有力、精准地抓握物体，还可临时充当锤子、水杯、测量工具等。这双不可思议的手，让人类成为一种聪明的工具机器，通过手上无数感官接收器收集到的信息，我们几乎可以瞬时对刺激物做出反应。

这些微小的感受器让手成了信息和交流的器官。我们的手上分布着大量神经纤维——超过1.7万个——尤其是在手掌和指尖上，所以我们的触觉才会有敏感度之分。手是我们接触外部物质世界的工具，它每天在我们不知不觉的情况下，为我们提供数以百万计的信息，让我们了解周围的事物是什么形状、什么性质、由什么构成，还可以让我们知道所爱之人的情绪状态。

手也反映了我们的认知能力究竟有多么强大。据估计，大脑中负责运动的区域通常有25%被用来指挥手部运动，尤其是运动皮层（位于顶叶的后部，指挥自主运动）和一部分小脑（触发协调运动）。所以，我们可以断定，手部的运动和感觉能力是我们认知能力提升和大脑脑量增加的原因之一。

两足行走——手与身之母

要是没有两足行走，手就不可能进化。两足行走还带来了许多其他转变，我们应当记住：人体能适应习惯性直立运动，是在脚、膝盖、臀部、骨盆、脊柱及头骨，甚至包括内耳，经历了一系列令人惊叹的改变之后。大量其他生物力学上的改变，影响了足部的肌腱、腹肌、臀部的发育、跟腱的力量、肩膀的结构以及男女骨盆的形状（站立姿态下，它们要承受所有器官的重量）等。

两足行走解放了上肢，使它们不必再参与移动过程，继而可以承担别的工作。简而言之，两足行走彻底重塑了原始人类的身体。当然，这种不可思议的转变还未结束，现在的我们仍然在不断适应直立姿态。因为即便到今天，这种姿势也仍然给我们制造着许多困难，比如艰难的分娩过程，或者连站几个小时后让人很难忽略的腰背酸痛感。

此外，我们的双足不光能行走，还可以奔跑，这同样需要身体结构做出大量改变。奔跑时，我们的脑袋不能上下晃动，否则会受伤。因此，头部需要强壮有力的颈、肩部肌肉来支撑，这使我们的上半身被拉长。在这方面，我们同猿类有很大不同。你有没有注意过似乎它们的头下面直接就是肩膀？而且，人在奔跑时身体必须保持直立、稳定的状态，要是没有臀肌的惊人发育，这也不可能实现。我们的双足同样经过了彻底重塑，方便跑步时将弹性能量存储在足弓内。

跑着跑着毛没了

跑步行为越来越频繁后，随着时间的推移，我们还有了一项其他灵长目不具备的特征：皮毛消失了。现在就算体毛最旺盛的人,也没有所谓的皮毛。这一点很奇怪，因为毛发有很多重要的用处，不但具有良好的隔热性能，还可防止皮肤擦伤，阻挡湿气、阳光、寄生虫和病原体。此外，毛发的颜色（通常是棕色）也可以提供伪装，而其上花纹则有助于区分同一物种的不同成员。那么，我们如何解释皮毛消失这种奇怪现象呢？

鉴于化石中的骨骼没能提供任何信息，我们只能以皮肤这种珍贵器官为基础，根据其功能来推断。在手部和足部，每平方厘米真皮至少有600~700个汗腺，而在额头、手臂、后背部，则分别有约180、108、65个。这些腺体（尤其是小汗腺）会在皮肤表面分泌透明液体。这与其他灵长目动物那种会使皮毛湿润的泡沫状汗液完全不同。当然，人体的某些部位仍然长有毛发，如腋窝、阴部及乳头，但这些地方的毛发与大汗腺有关，而大汗腺对温热无感，只会对情绪刺激（心理和/或性）做出反应。还有头发，可以保护我们的脑袋，以防晒伤。

综上所述，人类学家认为，早期人类的毛发越来越少是一种进化选择，与热带稀树草原的高温有很大关系，因为那里比丛林更炎热，一身厚厚的毛发会成为劣势。寻找自然资源时常常需要长途跋涉，因此毛发少更具优势，碰上食肉动物时，也可以更快地逃走。因此，毛发越来越少这一特征逐渐获得了进化的青睐，而人体经过一代又一代的改进，也形成了更为高效的体温调节系统。

与此同时，原本存在于毛发之下的苍白皮肤，颜色也渐渐变深。正如宾夕法尼亚州立大学的古生物学家尼娜·雅布隆斯基在其关于人类皮肤色素沉着的研究中指出的，深色皮肤有更多的黑色素沉着，可以保护我们那些在热带地区生活的祖先免受紫外线伤害。

了解这一切后，我们还必须指出进化过程中的一个矛盾产物：后来在近北极地区生活的人类，他们的皮肤又渐渐变得苍白。在这些地区，半透明皮肤反而更有优势，因为对骨骼健康至关重要的维生素D只有在紫外线的作用下才能在皮肤中合成。在北方，深色皮肤不太容易被紫外线穿透，于是进化便赋予了在这些地区生活的人以半透明皮肤：最先是欧洲的尼安德特人和亚洲的丹尼索瓦人，后来是生活在非洲以外的智人。尼安德特人是欧洲最先拥有浅色皮肤的人种，很久之后，非洲的智人才抵达欧亚大陆。这些智人的黑皮肤大概在上一个大冰期期间（1.8万年前）开始褪色，而起因就是北半球的天空时常阴云密布，让他们受到阳光直射的机会变少。当然，这是非洲强烈的紫外线导致进化选择深色皮肤后，又过了很久才发生的事。

至于毛发究竟是什么时候开始从（前）人类身上消失，以及人类什么时候才成了现在的模样，我们并不清楚。已知最早的人类化石可以追溯到280万年前，所以很可能

300万年前生活在热带稀树草原上的南方古猿就已经开始了这一过程。那么，过程结束时，是否就是人属出现时？这个问题还有待讨论，但可以肯定的是，人类失去毛发的同时，狩猎行为出现了。

第五章 狩猎唤醒了所有感官

习惯性两足行走、工具制造、直立奔跑、更适于抛射物体的肩膀、褪去毛发的皮肤，使得我们的祖先有了狩猎的可能。这种独特又复杂的特征组合，可能在能人阶段就已出现，但肯定是到直立人——第一个身形高大的人种——时代才进化完全。对集体狩猎而言必不可少的合作与协调，则通过手势和叫喊来实现。二者合起来，可被视为最古老的语言交流形式，并由此逐渐催生出流利连贯的语言。

毛发的渐渐稀疏和奔跑能力的进化，标志着狩猎行为的开端。但要弄清其原因，我们必须先了解，人类最古老的祖先通过狩猎行为对生态环境造成了哪些巨大影响。

首先是非洲大型动物在整个旧石器时代的进化。2013年，斯德哥尔摩自然历史博物馆的古生物学家拉斯·沃德林、美国新泽西州斯托克顿大学的古生物学家玛格丽特·刘易斯，通过研究非洲大型食肉动物的化石发现，在200万~150万年前，某些种类的鬣狗、剑齿虎及其他非洲大型食肉动物灭绝了。两人将大型食肉动物的减少归咎于早期人类的活动，因为那时他们开始大量食用肉类并使用石器。不过，狩猎者不大可能直接攻击这些强大无比的动物，但他们存在于生态系统中，不断捕食小型动物，必然会更有利于那些和人类一样喜欢集体捕猎的更小型的食肉动物。

2004年，犹他大学的生物学家丹·利伯曼和哈佛大学的生物学家丹尼斯·布兰布尔在《自然》(*Nature*)杂志上发表文章，提议将能够进行耐力跑视为人属的特征之一，因为人类越来越频繁的狩猎活动反映了奔跑能力的持续进化。我们知道，人类可以用不同速度奔跑，比如逃离或进攻时会快速冲刺，而长途行进时则会匀速慢跑。我们的腿能适应这两种速度，说明我们的祖先经常成群结队地探索生活环境，寻找资源时匀速慢跑，躲避或发动攻击时则快速冲刺。

像桑人一样奔跑

桑人是生活在南非沙漠地区的采集-狩猎民族，他们捕猎羚羊的情景会让人联想起我们刚刚提到的古老策略。鉴于大型食肉动物通常昼伏夜出（避免被太阳暴晒），所以桑人会选择在白天捕猎羚羊。在速度方面二者当然没有可比性，但因为跑步能力和排汗系统，桑人有着更强的耐力。经过长时间追捕，更擅长冲刺跑的动物为了恢复体力，就不得不躺下来休息，此时，猎人们便会冲上去，轻轻松松地杀死它们，就算是那些体形最大的也无所谓。其他狩猎策略（如合作和协调狩猎）同样以此为据：一旦羚羊或鹿迅速逃跑，只要它们被迫跑的时间足够长，就会筋疲力尽。

此外，最先出现的狩猎形式可能是扔石头，目标则是鸟类。毕竟只要好好扔，鸟的翅膀很容易被砸断。当然，这一点我们只能猜测，无法确证，但应该再次指出的是，人类肩膀的构造很独特，所以我们抛投物体的速度可以比其他任何动物都快，比如有些棒球投手的投掷速度可达160千米/小时。

不过，狩猎行为只可能伴随着各种形式的自然资源收集逐步发展起来。古人类学家认为，在人类出现的那个进化阶段，对自然资源的收集形式包括采集果实和捡拾动物尸体，但我们目前尚不确定那时狩猎是否已是惯常行为。对近现代和现代的狩猎-采集文化的研究表明，在热带生态系统中，采集大约提供了70%的食物资源。根据这一点，我们可以推断，狩猎行为肯定开始于人化过程快结束时，即人类具备两足行走、跑步能力、排汗系统、肩膀构造等条件之后，因为这时出现了第一个体形高大，或者说身材比例与我们接近的人种——匠人。

寻找第一个（燧石）刀锋战士

那么，这有考古证据吗？2005—2008年，人们在肯尼亚的伊莱雷特遗址发现了20个距今已有150万年历史的匠人脚印。英国伯恩茅斯大学的马修·贝内特对这些脚印（分属两名成年人和一名儿童）进行分析之后，认为匠人已经有了足弓，而且走路时脚会从后往前依次触地，这也是奔跑时的机械运动。伊莱雷特的这些脚印在形态上有别于莱托里的南方古猿脚印（380万年前，见第一章），进一步表明成年匠人的身高约为1.75米。根据伊薇特·德洛松的看法，“这些脚印证实了适于行走和跑步的身体构造已经出现”。也就是说，150万年前的匠人已经具备现代意义上的行走和跑步能力，且体形也大到能为体力提供足够的提升空间。

匠人的行走和奔跑能力，也可见于1979年在肯尼亚图尔卡纳湖东岸发现的库比福拉遗址：这个特殊的狩猎-采集者聚居点中有很大一片区域（100多平方米）是专门用来屠宰和食用肉类的场地。这说明，匠人群体已经具备相当不错的狩猎能力，所以才需要设立屠宰场所。狩猎所需的这种协作，在伊莱雷特遗址也可以看到：那里的脚印似乎是若干成年人（根据脚印大小判断，很可能是男性）一起沿着泥泞的湖岸行走时留下的，而这个湖应当是许多动物的水源，所以留下足迹的人类极可能是某个狩猎者群体的成员。由此，我们可以确定旧石器时代人类社会的核心特征之一，就是狩猎者群体（主要是成年男性）寻找猎物，采集者群体（主要是成年女性、老人及儿童）采集植物资源——后者占据了饮食结构中相当重要的一部分。我们可以肯定的是，匠人不但食用肉类，还知道如何主动获取：他们的狩猎策略很可能与桑人的类似，并且随着协调能力的增强，变得越来越有效。

从身体到双手，到文字，到语言

如前所述，两足行走解放了双手，使我们能够用手抓取、评估、改变、制造各种物品，进而极大促进了人类认知能力的提升。但其实，两足行走还在语言的诞生中扮演了重要角色：（前）人类群体之间要想合作，就得通过语言来交流，因为交谈可以增强社会凝聚力。鉴于我们的双手能够通过接触来传递情感，所以可以说，它们实际上是灵长目最早用于交流的器官之一。对我们的祖先（以及其他现代人种）来说，双手是社交梳毛的工具，是触觉交流的形式，在群体成员互相建立亲密关系方面具有至关重要的意义。手势成了表达情感的符号后，第一种符号语言就诞生了。

时至今日，人类在说话时若想加强自己要表达的情绪，也会本能地使用双手，通过各种手势来强调信息。乍一听，你或许会感到惊讶，但试想一下，你其实会用手"说"很多话："过来""走开""我头疼""我难过""别挡道""住手""注意""小心"，等等。有的手势交流很复杂，且高度规范化[比如意大利人说话时的复杂手势就举世闻名——这是古罗马的遗产，可能与古典时代（公元前8世纪—公元6世纪）的交流需求有关，因为那时被掳至意大利的奴隶所讲语言并不统一]，有的则比较简单，但无论是哪种，手势语言都和口语一样，显然既具自发性，也有其体系。

2014年，苏格兰圣安德鲁斯大学灵长目研究组的凯瑟琳·霍贝特和理查德·拜恩在分析了这一课题的所有相关研究后指出，所有类人猿都有这种同时用手、身体、声音来传达观察结果的倾向（比如，“小心蛇”）。再加上这些通常都是自发的无意识行为，所以我们可以判定，符号语言是极其古老的交流形式，起初只通过身体来实现（比如用表情来威胁或表达顺从），后来逐步延展到了手和声音（比如从远处示意或警告）。

后来，随着人们使用的声音越来越流利连贯，手势符号语言和声音符号语言便开始分家了。由于声音符号（单词的发音）几乎可以随意增加，而手势符号在这方面要困难得多——毕竟我们只有两只手、十根手指，成倍地增加手势及其含义不太现实——所以表音词（词汇）同手势语言分离后，数量开始增加，按一定顺序组合还可表达额外的含义（语法）。当然，不可否认的是，灵长目那种典型的“身—手—声”三合一语言到了人类这儿，已经明确分化为身体语言、手势语言、声音语言。人类是唯一知道怎样单独使用其中任何一种语言的灵长目动物。

用手说话

按我们的假设来看，手势交流催生了口头交流，然后双手、身体和语言又开始共同进化。那么，这种自我强化的循环是从什么时候开始的？根据莱斯利·艾洛和罗宾·邓巴的模型，如果没有语言，匠人大约要把超过25%的时间花在社交梳毛上。但考虑到匠人的小群体在采集、狩猎、屠宰时需要进行复杂的合作与协调，所以他们很可能已经具备了口头交流的能力。

毫无疑问，最初的语言并非真正流畅连贯的口语，而是类似代号的形式，因为其源头是前人类物种之间的动物性交流。相比之下，我们现在的语言能力既复杂又抽象，不仅可以表达具体的物体、事实（如“这是水”）、情况（“小心，有蛇”），还可以表达想象中的物体、理念、事件（如数学或神话）。经过千百万年的发展，说话能力已经分化为不同的语言（当今有7000多种），以及无数编码交流技术（如计算机语言和电话号码）、抽象形式（如数学），甚至还包括许多发音形式（如叫喊、口哨、歌唱）。高度多样化表明了历史的久远。

但流利连贯的语言到底诞生于何时?

那么，在评估语言的年龄时，我们能从遗传学上得到什么帮助？自20世纪90年代末，我们就已经知道至少有一个基因与交流能力有关，且该基因在许多脊椎动物身上都存在（如鸣禽类）。人身上的这个基因叫FOXP2（叉头框P2），同样在提供流利连贯的讲话能力方面发挥着重要作用。正因如此，它有时候也被误称为“语言基因”。FOXP2位于人的7号染色体上，某家族的语言障碍起初就被认为是该基因突变的结果。我们知道，黑猩猩的这种基因与我们的并不相同，而尼安德特人（35万~4万年前）的这种基因与我们的完全相同，所以可以得出结论：智人和尼安德特人的共同祖先携带着我们这个版本的FOXP2基因，也就是说，这个版本的FOXP2基因已经存在了至少60万年，可以追溯到我们的共同祖先海德堡人的时代。至于FOXP2基因是否在早期人属（尤其是匠人）身上就已存在则是个有趣的问题，但很可惜，基因记录无法再往前追溯了。

更现实的办法，是看一看匠人是否拥有讲话所必需的那种复杂的发音系统，我们已经对尼安德特人进行了这种确认。人们在以色列凯巴拉洞穴中发现了一块约有6

万年历史的舌骨。这块马蹄形的骨头是整个口喉咽结构中最重要的组成部分，但由于没有连接或附着在其他骨头上,即便是现代人的舌骨也只能通过X光或解剖来研究，所以这块舌骨的发现在考古学中极为罕见。但鉴于大部分舌骨化石几乎不可能留存数百万年，所以关于人类更早期的祖先（如匠人）的发音系统是什么样，我们基本上无法给出确切答案。

因此，我们只能满足于通过对人类祖先喉部位置的观察，来证明他们确实拥有发音系统，因为喉部位置是整个颅底进化的结果。比如，拿脖子已经比较长的能人来讲，其喉部所在位置就和我们的差不多，他们的口腔虽然小些，但比较深——通常认为，这让他们的舌头和嘴唇具备了更高的灵活度，我们现在能唱歌、说话也是因为这些特征的存在。所以，能人极有可能已经进化出先进的发音系统，更早期的人族生物也一样。

由于可以认定人类与类人猿的共同祖先确实使用某种同时涉及身体、手势和发声的交流方式，而且也能确认330多万年前的某些南方古猿群体中存在物质文化，所以我们似乎可以合理推测出：流利连贯的语言最早在洛迈奎文化之前，或者说，在地猿到南方古猿的年代之间（400万~350万年前）就已经出现了。换言之，在此期间，前人类物种确实用某种“原始语”交流。不过，要证明这一点很困难。

古生物学家制作的头骨内部模型或许能帮上一点忙。许多人属化石都证明了大脑的不对称性，具体到智人身上就更明显了：我们的左脑并不是右脑的镜像。这种现象古已有之，比如对能人大脑皮层表面的检查，便证明了早在200万年前，布罗卡氏区就已经存在。

这一区域，即运动语言中枢，位于大脑皮层左额叶，得名于其发现者、法国外科医生和人类学家皮埃尔·保尔·布罗卡（1824—1880）。由于布罗卡氏区是大脑皮层的重要组成部分，所以它的进化，同其他任何包含大量基因的复杂生物系统一样，估计需要几十万年，而不只是几万年。如此说来，我们可以合理地假设：南方古猿早在洛迈奎的第一批石器出现前——至少比存在于能人之前的LD 350-1下颌骨化石再早50万年——就已经进化出某种原始语。

我们虽然不清楚第一种原始语出现于何时，但有一件事可以肯定：约200万年前，人属的生物学特征——复杂的两足行走方式、工具的制造、语言的出现——已经为他们进一步集体开发土地提供了所有必要手段，而人类也利用这些手段，开始征服整个地球。

第六章
第一次征服地球

智人出现之前，人类已经一次又一次地走出非洲，但我们并不知道具体时间和方式。一些罕见的化石（直接证据）和无数石器（间接证据）证明，人属的扩张早在200万年前就开始了。经过多次迁徙和杂交，最早的欧亚混血人出现了，他们随着智人走出非洲，又同智人融合在一起。

非洲人属的迁移，是地球历史上规模最大的地质和历史事件之一（图10）。人类与其他动物的区别之一便是人类的祖先离开了热带丛林，逐步适应了大草原、半荒漠、地中海乃至北极等地区的各种气候。

人属身上的大量变化都出现于他们离开非洲之后。根据考古学和古生物学资料，史前史学家确认了发生过五次主要迁徙：第一次在200万年前，第二次在140万年前，第三次在80万年前，第四次在20万年前，第五次是

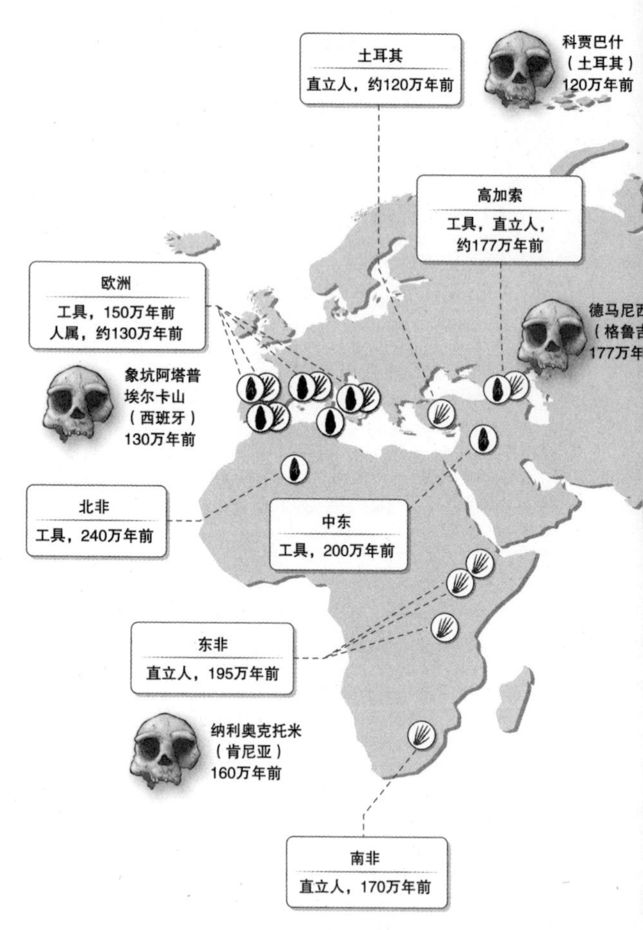

图10：第一次征服欧亚大陆

人类第一次走出非洲的证据中有间接的（石器和其他物品），也有直接的（人类遗骸化石）。最早的人类迁徙行为目的地一般都是气候温热的地区，后来他们抵达了温带地区。

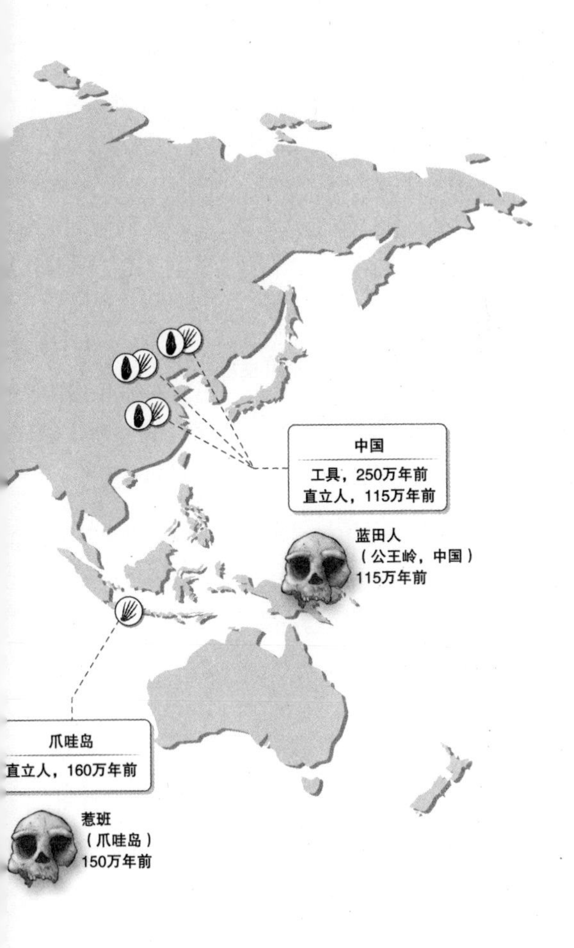
中国
工具，250万年前
直立人，115万年前
蓝田人
（公王岭，中国）
115万年前
爪哇岛
直立人，160万年前
惹班
（爪哇岛）
150万年前

8万年前。但我们认为，非洲就像一口内部压力很大的锅，从200多万年前的第一次迁徙开始，到有充分的基因证据和现代人遗传变异性证据佐证的最后一次迁徙（也就是8万年前的那次），持续不断地向外输出一个又一个移民小群体。当然（正如过去几千年里已经证明的那样），人口也很可能是在反向迁移。

习惯上，那些大约在200万年前离开非洲的人都被归为直立人——过去，这个说法常被用来称呼匠人的非洲成员（有时仍会被称作“非洲直立人”）。因此，“直立人”这个称呼给人的感觉是，这种人类形态的体形和脑量相对较大，但我们会看到，其实也没有那么明显。考古证据显示，非洲以外的地区也存在人科物种：最古老的在亚洲（格鲁吉亚、印度、中国），而最近的在欧洲南部（意大利、西班牙）。

有关人类走出非洲的证据，一种是间接的，即人类活动遗迹，如石器和手工艺品（图11）；另一种是直接的，即人类遗骸化石。过去几十年里，中国出土了三个间接证据（打制而成的石器）例子，前两个在亚热带地区，第三个则靠近亚热带：最古老的位于重庆市巫山县庙宇镇的龙骨坡，距今约250万年；第二个在安徽省芜湖市繁

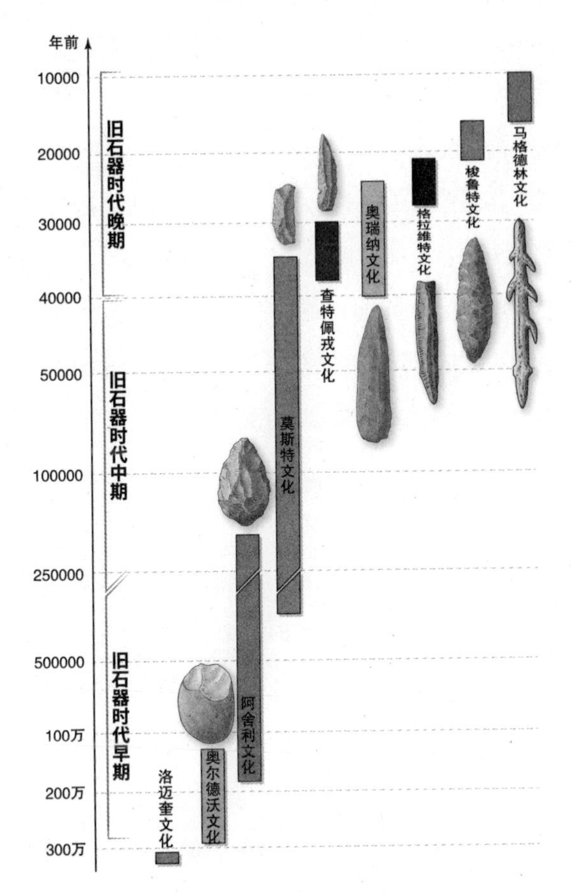

图11：一些主要的物质文化

史前文化的演变主要体现在石器上。最早一批成熟的物质文化，如洛迈奎和奥尔德沃，出现在非洲。阿舍利文化从非洲传播到了欧洲及亚洲部分地区。奥瑞纳文化和格拉维特文化发展起来后，欧洲进入了末次冰期。以石器制作技术著称的梭鲁特文化兴盛于末次冰盛期，紧随其后的是马格德林文化。

昌区的人字洞，距今约220万年；最后一个在陕西省西安市蓝田县玉山镇上陈村，距今约212万年。然后，经过一段长时间的沉寂，大约从170万年前起，大量石器开始出现在中国温带地区。这些人类留存下来的古老证据，让人想到了20世纪90年代，海法大学的亚伯拉罕·罗恩在以色列耶昂发现的遗址，距今已有240万年。这个了不起的发现再次证明，黎凡特走廊（今西奈半岛与黎巴嫩之间的地区）一直是去往亚洲的主要通道。

那么，是哪个人属成员在中国留下了这些踪迹化石？很多年以来（在发现距今超过200万年的石器等间接证据前），我们一直认为是直立人，也就是非洲匠人的亚洲版。但众所周知，这个人种在非洲的出现时间晚于200万年前，所以一些古人类学家提出，最先跟着一群群动物走出非洲的是能人。也许，接下来的几十年中，考古工作会给我们带来巨大的惊喜。

在人属走出非洲的直接证据中，最古老的是在格鲁吉亚发现的德马尼西人化石，可追溯至180万年前，包括多个完整的头骨，以及一些下颌骨和身体其他部分的遗骸。如此丰富多样的化石令研究者吃惊不已。为了把他们和已知同属一个时期的非洲匠人化石区分开来，有些古人类学家甚至提出这应该是新的人属成员（格鲁吉亚人），并在科学界引发了巨大争议。一些史前史学家认为，这些化石的颅骨容量要比匠人的小，说明他们其实属于更原始的物种，可能更接近能人。支持这一假设的证据还包括，在德马尼西遗址的史前古器物中，没有发现任何双面石器，即手斧（左右对称，见图11）——手斧是匠人的重要文化特征，180万年前才在非洲出现。因此，一些德马尼西人化石的形态为这些古人类学家的观点提供了支持，那就是能人可能是第一个走出非洲的人种，或者也可能是匠人的地理种。

我们可以肯定的是，人属的某个成员在200多万年前到达了亚洲，这一点在中国南方及东南亚地区的岛屿都得到了证实。在这些气候炎热的地区发现了多个人属物种，进一步证明了200多万年前离开非洲热带地区的人属成员首先在气候温热的地区定居，后来才抵达温带气候区。比如，印度尼西亚最古老的工具制造遗迹和人类遗骸，位于爪哇岛上的惹班、桑吉兰，可追溯到160万年前；附近的特里尼尔还发现了约有80万年历史的化石。

没签证的直立人到访欧洲

人类在欧洲留下的最早遗迹可追溯到约150万年前，而且主要是间接证据，如（非双面）石器及其在骨头上留下的划痕。最古老的遗址主要位于欧洲南部，如意大利南部的皮罗·诺德遗址，但在西班牙的安达卢西亚（努埃瓦泉和莱昂深峡谷遗址）、阿塔普埃尔卡附近（象坑）也有发现。第一个直接证据则可追溯到140万年前，那是在莱昂深峡谷发现的一颗人类牙齿。而在阿塔普埃尔卡发现的一副下颌骨，则可追溯到120万年前。

大约从100万年前起，欧洲的人类开始成倍增加，而位于北纬40度（马德里至撒丁岛一线）以北的欧洲地区，似乎直到80万年前才有人居住。在英国东部黑斯堡的一个古河口附近，人们发现了一系列属于该时期的脚印遗迹。这些被保存在沉积层中的脚印，是欧洲目前最古老的踪迹化石。根据这些遗迹，科学家判断出了早期北欧人的外形，而且从身高、步长、脚印大小和深浅来看，留下脚印的人至少有五名，身高从90厘米到170厘米不等。这五人中有大人也有小孩，穿越了当时连接英格兰和欧洲大陆的区域（多格兰）。

约70万年前，欧洲突然出现了改良后的手斧（比之前的更对称、轻便)，这似乎反映出新人属成员的到来，而这个物种后来被确认为海德堡人。值得注意的是，双面手斧在非洲之外的地区也有发现，特别是在中东，比如在以色列出土的可追溯至约140万年前。与此有关的物质文化被称作阿舍利文化(得名于法国圣阿舍尔的遗址，1859年，这里出土了第一把手斧)。一些人属物种离开非洲后，匠人继续进化，成了后来的海德堡人，而海德堡人被认为是智人和尼安德特人的共同祖先。海德堡人到达欧洲后，可能同早期欧洲人的后代进行了杂交(从西班牙的一些遗址可知)。接着，通过遗传漂变现象(基因随时间推移在处于相对隔离状态的小种群中被选择的效应)，又经过几十万年，他们进化成尼安德特人。海德堡人可能还到了亚洲地区，最终进化为又一种人属成员：丹尼索瓦人。不过，这一物种的存在最初是我们通过遗传学推断出来的，因为科学家当时只在丹尼索瓦洞中发掘出一颗牙齿化石、一截含有DNA的指骨和一些骨头碎片。今天，我们更加确信丹尼索瓦人存在，而这要感谢在中国西藏地区发现的一块不完整的下颌骨化石(也属于丹尼索瓦人)，以及在亚洲其他地区发现的另外一些化石(被怀疑属于丹尼索瓦人，而非某种“进化后的”直立人）。

通过对智人基因组的研究，我们发现人属成员之间进行过杂交，如现代欧亚混血人的祖先和尼安德特人之间、和丹尼索瓦人之间，以及尼安德特人和丹尼索瓦人之间都有过。今天，这种杂交痕迹最明显的智人是澳大利亚的原住民和美拉尼西亚人，他们仍然含有4%~6%的丹尼索瓦人基因，而相比之下，生活在亚洲大陆的智人携带的这种基因仅有1%。

第七章
智人出现了……

一般认为，智人由东非的海德堡人进化而来。但现在我们已经明白，这一过程曾发生于整个非洲大陆。此后，智人的人口迅速增长，最终被迫走出非洲。早期智人结群（游群）而居的行为，深刻地影响了他们的心理，使他们产生了强烈的集体归属感、强烈的同理心，以及一定的利他主义倾向。

到目前为止，我们一直在关注人属。但其实，这一切事关人类血统，因此都和智人有关。接下来，我们就要谈谈主角智人了。同欧洲的尼安德特人一样，智人可能也由海德堡人进化而来，只不过地点是在非洲，因为在那里，智人第一次出现在了化石记录中——虽然其起源尚不清楚。我们认为事实确实如此，只是现在还无法言之凿凿地宣称智人就是海德堡人的后代。阿舍利文化在整个非洲大陆都有发现，其传承者匠人和直立人后来确实进化成了海德堡人，但鉴于化石证据的缺乏（尤其是60万~26万年前的这段时间内），我们很难在海德堡人与古人类物种及智人之间建立起可靠的联系。

直到近期，智人的化石记录都很匮乏。除了埃塞俄比亚奥莫山谷发现的两块距今19.6万年的头骨（奥莫1号、奥莫2号）、南非弗洛里斯巴发现的一块距今28.5万年的不完整头骨，以及南非克拉西斯河附近洞穴中发现的一些距今12.5万年的头骨碎片和下颌骨之外，我们再无其他证据。根据这些化石，我们发现非洲存在过一种像我们一样额头很高的物种。可最近的一些新发现，又让情况变得复杂起来。

2018年，以色列的迦密山上发现了半块智人上颌骨（左半边），距今已有17.7万~19.4万年历史。这块被命名为"米斯利亚1号"的化石，证明了早期智人离开非洲的时间要比之前认为的早至少10万年。这着实出人意料，因为在"米斯利亚1号"被发现之前，主流观点一般认为，10万年前只有少数智人勇敢地离开了非洲，而大多数要再过3万年才会出走。

2004年，研究者重新考察了位于北非摩洛哥的杰贝尔依罗遗址。该遗址的化石有着很长的历史，于20世纪

60年代被首次发现，而与之一同出土的还有利用“勒瓦娄哇技术”制造的石器——当时认为，只有尼安德特人掌握了这项技术。与先前的方法相比，用“勒瓦娄哇技术”制作的石器每单位体积可拥有更长的刀口。这表明，石器制造者拥有更高的认知能力。正因如此，那些最初被认为属于尼安德特人的遗骨，后来也被订正为属于“类尼安德特人”，因为其面部及颅骨后部的某些解剖学细节还是与尼安德特人的有所差异。直到20世纪80年代，古人类学家又在该遗址发现了两块下颌骨残片，才最终将他们定义为“远古智人”或“古早智人”，将其同尼安德特人区分开，因为据估计，他们已经有15万岁了。

局面如此令人挠头，看来有必要把杰贝尔依罗人的化石状况搞搞清楚了。于是，2004年，马克斯·普朗克进化人类学研究所（位于德国莱比锡）的让-雅克·哈布林，率领团队再次开始对该遗址及其化石记录进行研究。2017年，该团队利用现代技术分析了化石的特征，最终证明杰贝尔依罗人是最接近智人的人属物种。同时，通过一系列独立的年代测定技术，他们还检测了同化石一同出土的石器及其周围的土壤层，最终校正出一个惊人的结果：这些化石已有31.5万年历史。

这个新年代之所以惊人，是因为人们一直以为智人出现于非洲东部和南部。也因此，杰贝尔依罗遗址的发现最初引起了许多史前史学家的质疑。但一个不争的事实是，这一发现改变了我们对智人起源说的看法。出现于非洲北部的古代智人，致使智人的非洲东部和南部起源说成为过时的概念，暗示了智人其实遍布整个非洲。

2018年，众多顶尖科学家出席了一次大型国际研讨会，并最终认可了这一观点。经过对智人出现时期的气候和文化数据的仔细研究，并综合考虑了非洲的多变性之后，研讨会得出结论，即人类的进化起源于非洲多地。由于现代人特征的出现有着广泛且显见的考古证据支持，所以我们可以肯定地说，拥有混合特征的人类群体（其中一些更接近智人，另一些则更像远古人类）曾在不同时期生活在非洲的不同地区。关于这一观点，最明显但也最怪异的证据就是纳莱迪人。2015年，南非金山大学的李·博格率领团队，在距约翰内斯堡不远的升星岩洞中发现了一个地下大坟场，以及一个震惊史前史学界的新人类形态。纳莱迪人体形较大，但脑量只有600立方厘米（与能人相当），且双手呈钩状（表明适合爬树），根据年份测定，该物种在25万年前左右依然存在。如果这一年代得以确认，那就意味着，纳莱迪人与最早的非洲智人曾同时存在，这简直不可思议。但无论如何，智人出现后，就如非洲栖息地网络理论的提出者之一、牛津大学的埃莉诺·斯凯里总结的那样，“非洲的人类开始在多个地区同时进化，我们的祖先来自不同的种族，我们的物质文化是多种文化共同进化的结果”。

智人——资深的关系网建设者

这一结论意义重大，推翻了先前那种东非地区是人类起源地的假设。非洲并非一马平川，而是一块由大江大河、热带丛林、广阔沙漠交错组成的大陆，也就是说，从一个地方到另一个地方并不容易。但很显然，非洲大陆上一直存在互相连通的前人类和人类栖息地之间的关系网——通常受气候变化的影响。因此，越来越多的人迁移出非洲这种说法具有较高的可信度，因为整张非洲生态关系网的北部和东部，极有可能时不时地扩展到黎凡特地区和阿拉伯半岛南部。所以我们可以说，同匠人、海德堡人一样，智人也无意中在20多万年前离开了非洲——别忘了，在“米斯利亚1号”被发现之前，人们一直以为智人直到约6万年前才离开非洲。

如此一来，我们该怎么理解这些发现呢？前面说过，智人非常可能是海德堡人的后代，但很显然，到目前为止，智人在非洲的进化过程依然迷雾重重，而其中最突出的一点便是，40万~30万年前，非洲各地都出现了一种新的物质文化，其特征就是我们前面提到过的勒瓦娄哇石器制作技术的小型化和普遍化。而生物上的进化——也就是从海德堡人进化到不那么古老的人类形态——也一定是个极其复杂的过程，尤其是观念和基因在非洲各地的交换，使海德堡人进化出了较大的脑量（相对于身体比例而言比较大）。但可惜的是，我们对此了解不多。现在，我们只需要记着，海德堡人在非洲栖居地网络内进化成了智人，而大约60万年前，在延伸到欧洲的栖居地网络中，又进化出了尼安德特人。

一场认知革命？

智人的行为十分独特：我们已经遍布整个星球，并深刻地改变了生态系统中的很大一部分，甚至对全球气候造成了影响。但这种行为从何而来？在我们来看，智人的独特性用生物学是无法解释的。以色列历史学家尤瓦尔·赫拉利在其著作《人类简史》中提出了一种理论，认为智人与其他人类的不同源于一场“认知革命”。我们不同意这种看法，原因包括：首先，尼安德特人和智人曾生活在同一时代，具有相似的技术能力，比如先进的勒瓦娄哇技术和各种物质文化；其次，他们都会讲或会使用符号语言（以装饰和绘画的形式）；最后，尽管尼安德特人的身体特征在许多方面都与智人不一样，如身材更粗壮、面部更扁平、头骨更细长，但二者的脑量实际上差不多，尼安德特人甚至更有优势——直到智人征服整个星球，社会文化的发展才致使智人大脑重构，但那是很久以后的事了。

通过对比现代智人和尼安德特人的基因组，科学家发现智人身上出现了100种左右的基因突变现象。这些突变的影响在全身各处，尤其在皮肤、免疫系统和肌肉组织中都有体现。但我们能否就此认为智人在生物学上比尼安德特人更优越呢？答案是否，因为这是一个充满偏见的结论。说到底，智人和尼安德特人都过着群居生活，都以狩猎-采集方式收集资源，生活环境也类似（中东和欧洲），而且根据考古证据，二者在狩猎-采集方面都相当成功，且经常互动，不光交换物品，还交换基因。事实上，现代欧洲人携带着1%~3%的尼安德特人基因——看着不多，但考虑到自从尼安德特人消失后，智人已经经过了2500代的遗传冲刷，这样的比例实际上已经相当高了。

发育和繁殖

因此，真正将智人与尼安德特人区分开来的因素，是我们与自然的关系，或者说是我们的生态行为。尼安德特人和其他掠食者一样，只会向周边环境索取维持生存所必需的资源，但其数量远低于自然能提供的资源总量。相比之下，智人的行为则完全不同。随着游群数量的增长，智人向环境索取的资源越来越多，危及的物种更是一个接一个——而且很不幸，对地球上的生命而言，这一过程从未停止。

智人挤占了越来越多的自然空间，导致大型哺乳类食草动物（如长毛象、野牛、洞熊、披毛犀）、食肉动物（如剑齿虎、巨鬣狗、洞狮）先后在欧亚大陆和美洲灭绝。当然，被智人灭掉的还包括其他人种（如尼安德特人、丹尼索瓦人、弗洛里斯人——在印度尼西亚弗洛里斯岛上发现的矮人种）。这些物种的灭绝，主要由于其栖息地逐渐减少或完全消失（图12），因为不管到哪里，数量总是在翻倍增加的智人都会改变当地的生活环境。

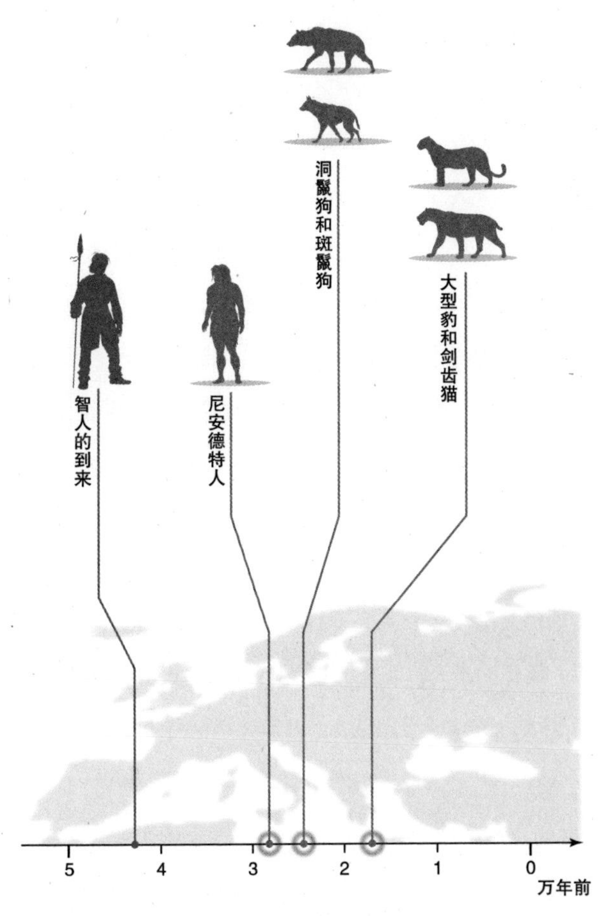

图12：智人到达欧洲后，大型食肉动物逐渐灭绝

尼安德特人一直保持着与自然的生态平衡。反观智人，随着人口不断增长，他们向环境索取得越来越多。最终，经过几十万年的发展，智人导致许多大型食肉动物在全球范围内灭绝，其中也包括其他人种（尼安德特人、丹尼索瓦人、弗洛里斯人）。

这种发育能力有其文化和社会根源。同其他物种相比，智人在抚育后代方面会投入更多时间。这种行为的古老本质拥有一个可靠的指标，那就是尼安德特人婴儿和智人婴儿的生长速度有着显著差异：12岁时，尼安德特人几乎就已成年，而同龄的智人还要继续发育、学习很长一段时间。智人不但生长期变长，预期寿命和文化复杂性也提高了。我们现在知道，大脑到了25岁也不会停止发育——智人的学习期可以持续到30岁，甚至更久，因为在人的一生中，大脑一直具有强大的可塑性。

因此，我们认为，智人的进化史之所以独一无二，并不是因为其生理上的进步，而是因为智人社会与文化方面的复杂性导致其生理特性发生变化（如小脑变得更大、神经元之间的联系更紧密等）。这一点可以从神经科学领域的研究中得到证实：尽管基因遗传在幼年智人的发育过程中起到根本作用，但调控这些基因表达的现象（也就是表观遗传学）同样关键。事实上，智人的发育及其表观遗传学会受到生活条件的影响。所谓的生活条件，从根本上来说，包括了摄入的营养和周围的环境。对智人而言，这个环境会迅速扩展为更广阔的社会。今天，我们每个人都可能有数十个亲朋好友（比游群的规模大很多）以及上百个网友。

游群——所有社会的起源

智人社会的第一种形式与许多其他物种的一样，都是游群（horde），也就是在野外独立存在、内部相互合作的狩猎-采集群体。合作有利于狩猎和采集，有利于整个群体的繁荣，而且随着时间的推移，还方便了有用知识的代际传承。因此，游群不但具有生物学特性，还拥有可传播的文化特性，其实现途径则是通过群体内部的模仿和语言,而这些最终会演变为传统。你或许会觉得惊讶，但即便是生活在今天的我们，也依然具有那些产生于游群社会漫长进化过程中的文化特性。

其中最突出、最重要的特性，便是群体归属感。长期以来，从属于某个群体的情感渴望都被心理学家认为是人类的基本需求之一。这种特征被选择压力烙印在我们身上：游群可以在野外独立生存，但单独的个体基本上根本无法活下去。数百万年的基因和文化选择使人类幸存至今，并从内心深处对群体产生了认同感，以获得更大的生存机会。无论这个群体是部落、公司、社区、国家还是全人类，这种对归属感的渴望一直深埋在我们的潜意识里，藏匿于我们的内心。

这一行为特征是人类同理心的间接产物。所谓的同理心，就是理解他人情绪的能力。由于认知能力的提升，智人确实在很小的时候就拥有了自我意识，比如有些婴儿一岁半时就能认出镜中的自己。有了这种自我意识，人便能确认自己，进而确认如何在群体中做到举止得当。

同理心和归属感在一定程度上解释了为什么人类几乎普遍倾向于保护弱者，因为这是为了保护整个群体。遇险时先保护“妇女和儿童”，反映的正是这一点：保护他们就是保护群体的未来。对于游群中的这种利他主义，我们可以很轻松地从进化论角度找到解释：某个身强力壮又善捕猎的男人死于公牛的利角固然是群体的损失，但实际上女性死亡的后果要严重得多，因为这会明显削弱群体的繁殖能力，比如在一个共有四位育龄妇女的25人游群中，其中任何一位死亡，都会让繁殖能力降低25%。

此外，这种无私的保护欲也会推及老年人，因为经验还得靠他们来传承。这一点有大量考古学证据支持：无论是在法国发现的圣沙拜尔人，还是在伊拉克发现的沙尼达尔人（均为尼安德特人），都有成员被发现患过会导致身体日渐衰弱的疾病，但也都活到了高龄。我们还有证据表明，大约从7000年前开始，新石器时代的智人就已经会用石器进行环锯手术，以缓解严重的头痛了。鉴于现代医学正是人类互助的成果，我们有理由认为，这是一种非常古老的倾向。不过，对于这一理念，最有力的证据还是“米格隆”——一块距今约50万年的海德堡人头骨化石，发现于西班牙布尔戈斯省的胡瑟裂谷。化石证据表明，虽然米格隆患有严重的骨骼疾病，但他活到了成年。很显然，没有群体成员的照顾，这是不可能的。

同理心——一种古老的能力

人的同理心能力还要更古老。我们前面曾提到，在跑步能力的进化过程中，人类逐渐摆脱了毛发。同理，我们的进化也导致了交感神经系统的发展。作为自主神经系统的一部分，交感神经系统控制着器官的自动行为，并会诱发一系列无意识的生理反应（如心跳、精神性出汗等）。某种情绪出现时，这些反应就会改变人的面部表情，比如嘴巴可能因惊讶而不自觉地张大，眉毛或额头可能会因生气而皱起，面容可能会因焦虑而绷紧，两颊的毛细血管可能会因愤怒、社交恐惧（也就是害羞）或性吸引而扩张。在肤色较浅的人身上，毛细血管扩张的效果看起来尤为明显，几乎等于公开展示情绪，也就是我们常说的“脸红”。在《人类和动物的表情》（*The Expression of the Emotions in Man and Animals*）一书中，查尔斯·达尔文便认为这些生理反应是非自主的情感交流，进一步强调了同理心是人类最基本的特征之一。

心理学家认为，这种特征是“战逃反应”的一部分。任何身陷险境的动物都会有这种反应：要么表现出攻击性或对抗性行为，要么选择逃避或逃跑。具体到已经脱去皮毛的智人身上，这些反应则大部分出现在社交生活中。例如，“战斗”可能表现为爱逞能或好争辩；“逃跑”可能表现为回避社交，或是某些不露声色的微妙行为（比如通过示好来触发某个看似危险之人的社交反应）：一个人的脸变红时，就不由自主地表明了他内心的情感正处于十分强烈的状态，可能是因为生气涨红了脸，也可能正相反，是因为害羞而面红耳赤，但无论是哪一种，脸红都不可避免地会制造出一种脆弱而真诚的形象，令他人放下戒备，触发其保护弱者的本能和下意识的信任。生理情绪反应在社交生活中所扮演的角色，可能和人类脱去的皮毛一样古老，可以追溯到几百万年前的匠人甚至能人身上。人类同理心的起源可能同样古老，因为其他灵长目群体，尤其是黑猩猩，也具备同理心。

同理心是我们信任（以及不信任）他人能力的一部分。人类把很大一部分精力花在了识别舞弊者上。什么是舞弊者？据埃默里大学的灵长目动物学家弗朗斯·德瓦尔研究，在黑猩猩群体中，舞弊者就是付出回报不如自己受惠多的个体表现。他观察到，如果某只黑猩猩获益很多但付出回报很少，它就会越来越频繁地遭到攻击。如果我们接受黑猩猩的表现作为原始人族行为的近似模型，那么在人类血统进化轨迹的另一端，我们就必须承认，人类在日常生活中也有同样的倾向。只要我们自己感到安全，就可以很轻易地攻击任何一个被认为存在舞弊行为的人，且不论这个“弊”是指不守规矩还是不愿分享。

智人的“繁殖天赋”从何而来？

上述所有特征都对智人或其他游群成员的集体心理有所助益。我们认为，除了这些特征，智人肯定还有什么其他的特别之处，否则我们在这个星球上惊人的繁殖能力就无从解释了。但相关的考古学证据（与同时期尼安德特人的考古学证据类似）并未提供什么有用的信息。我们觉得，作为智人成功的根本原因，这种独一无二的行为特征可能与成员之间（尤其是两性之间）的任务分工有关。事实上，所有的人种志观察结果都表明，智人的狩猎-采集社会中存在按性别划分任务的倾向。这种划分在新石器时代得到了进一步巩固，并在大多数社会中延续至今。

第八章
智人向全球的扩散

13.5万年前，首批智人离开东非，冒险进入阿拉伯半岛，然后又抵达欧亚大陆南部。约10万年前，他们到达中国；约6.5万年前，抵达澳大利亚。之后很长一段时间内，他们就生活在这些气候温热的地区，人口数量迅速增长。大约6万年前，他们同已经生活在欧亚大陆上的非智人物种融合后，开始向北迁移，大约在4.3万年前才进入欧洲，在2.3万年前到达美洲。

走出非洲是将智人与其他人族区分开来的行为之一，因为到了某个阶段，智人不再屈从某个特定的生态系统（热带），而是征服了地球上包括南极洲在内的所有生物群落，甚至改变了地球的气候。现在，我们还踏上了征服太空之路。尽管以我们的时间观念来看，这个过程似乎发展得很缓慢，但在地质时间的尺度上，人类走出非洲不啻一场爆炸性事件。

我们不知道这一重大事件的发生时间，但根据“米斯利亚1号”的半块上颌骨可知，早在20多万年前（甚至更早，30多万年前），非洲之外的黎凡特地区就已经有智人在生活了。这一点也可由凯塞姆洞穴（以色列北部）和祖提耶洞穴（迦密山附近）的人类化石证明。看起来，从非洲迁徙到黎凡特地区的智人，从最初非常原始的形态到不那么原始的形态，经历了相当长的时间，这从尼安德特人的Y染色体最终被现代人的Y染色体取代就能看出。后来，他们的后代以及新到来的智人，开始同那些从欧洲扩散至中东的尼安德特人发生往来。由这两个人种遗留下来的大量物质文化完全相同。基因分析表明，二者之间的基因交换至少在10万年前就已开始。

大约在这一时期，智人在黎凡特地区留下了许多保存完好的化石遗址，其中最著名的是迦密山的斯虎尔洞穴以及拿撒勒城附近的卡夫泽洞穴。根据传统说法，这些来自黎凡特的远古智人在北上欧洲的途中被尼安德特人挡住了去路。但我们认为，他们与这些黎凡特的尼安德特人之间的相处应该比较和平，或者说至少在一定程度上是这样，因为遗传学证据告诉我们，大约在10万年前，尼安德特人和智人开始杂交。很明显，智人北上受阻如此之久，并不是因为尼安德特人，寒冷的气候才是主因。

后来，欧洲南部的气候暂时转暖，智人才得以踏足。反正图宾根大学的卡特琳娜·哈尔瓦提是这么认为的。2019年，她率领的研究小组提出，他们在希腊阿皮迪马洞穴遗址发现的一块距今21万年的头骨化石就属于智人，不过并不是所有史前史学家都认同他们的说法。鉴于20多万年前的黎凡特地区已经有智人生活（甚至可能更早，证据包括上面提到的凯塞姆和祖提耶洞穴），所以很明显，从非洲走出来的智人是往南去的，因为习惯了热带气候的他们可以轻松抵达那里。有项模糊但重要的证据似乎能给出“智人征服地球的发起时间”范围：科学家在阿拉伯半岛的杰贝尔法亚（今迪拜附近）一处现已坍塌的岩屋遗址中发现了人类聚居的痕迹，而岩屋所在区域的岩层可追溯到约12.5万年以前，手斧、刮削器及其他碎片在岩层中均有发现，且都采用了（当时生活在东非的）智人特有的石器打制技术。

他们途经了阿拉伯

综上所述，我们似乎可以提出如下假设：约12.5万年前，非洲智人已经抵达并占据了阿拉伯半岛。但要注意的一点是，季风区的北移有规律地改变着那里的气候，让这座（如今以干旱著称的）半岛变得草木葱茏，大型食草动物可成群结队地由此穿过。这样的变化在16万~15万年前和13万~7.5万年前都发生过。但12.5万年前，地球经历了一段温暖期，其初期让全球海平面上升得非常快，比现在的水平大约高出10米。海平面上升前，要从非洲到阿拉伯再到亚洲，只能穿越吉布提和也门之间的曼德海峡（如今只有30千米宽，深度不超过30米），然后途经波斯湾（平均深度约50米）才行。

正是根据这最后的深度，我们可以判断出第一批智人从东非出发，途经阿拉伯半岛南部，最终抵达亚洲的时间：13.5万年以前。当时气候寒冷，所以海平面要低很多，撒哈拉地区和阿拉伯半岛也更潮湿一些。这样的条件当然会有利于智人从东非向亚洲扩散，因为一大片草原带跨过曼德海峡和波斯湾，将绿色的撒哈拉和印度次大陆连接到了一起。黎凡特地区的智人也可以迁往如今伊拉克和伊朗的南部地区，加入那些正穿越阿拉伯半岛的人。

从非洲走到澳大利亚

我们认为，大约于13.5万年前或者更早的某个时间抵达亚洲的智人数量最多，且都来自东非。这些人习惯了在热带生活，难以适应寒冷的环境，所以只可能继续向欧亚大陆南部以及东南亚进发，最终到达澳大利亚，因为这一路沿线都是热带和亚热带气候。那么，第一拨智人是何时到达澳大利亚的？在澳大利亚新南威尔士州的芒戈湖岸边，三具距今约4万年的智人骨骼化石给出了答案。

但2017年，一项新发现推翻了上述年代顺序。昆士兰大学的考古学家克里斯·克拉克森率领的团队，在于澳大利亚北端的马吉贝贝发掘一处岩屋时发现了若干石器，其中最引人注目的是一些被存放或掩埋在岩屋一侧墙根处的斧头。研究人员利用“光释光测年”技术（检测矿物制品最后一次受到阳光照射的时间）对其测定后发现，“澳洲原住民”的祖先可能很早就来到了澳大利亚，大约在6.5万年前或更早（图13）。

如果我们接受目前科学发现的主流意见，赞同第一拨智人大约在7万年前离开非洲的话，那么智人到达澳大利亚的这个时间是否具有可信度？答案是否。如果按上述发现来算，澳洲原住民的智人祖先只用了5000年，就穿越了总长度约为2万千米的沙漠、山脉、丛林、海洋。

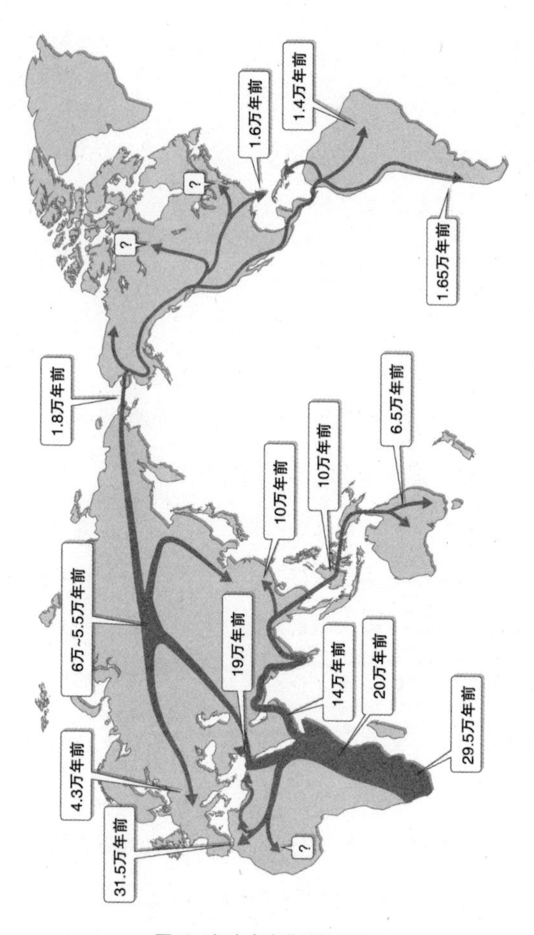

图13：智人走出非洲的过程

目前的科学共识是，智人首次离开非洲的时间大约是6万年前。但最新研究表明，在那之前智人还发生过几次迁移：一次是10多万年前到达中国，一次是约6.5万年前到达澳大利亚，还有一次是约4.5万年前抵达冰河期前的欧洲、西伯利亚和东北亚地区（这说明他们需要时间来逐步适应寒冷的气候）。

但如果我们把第一拨智人离开非洲的时间提前到至少13.5万年前，那么同样长度的旅程，他们就可以用7万多年的时间来完成了。

人口的渐进

对这些狩猎-采集者来说，我们只能假定他们“东进”的过程和走出非洲一样，都是无意识行为。但我们还是得问一句：动机是什么？目前唯一可能的解释是：智人游群容易催生新的小集团（高超的协作技能、两性之间的任务分工）。大约在7万年前，智人应当是首先定居在了亚洲的西南部（美索不达米亚南部和如今的伊朗、巴基斯坦地区），然后是今天的印度、印度尼西亚，最后是中国南部。

那么，我们有证据证明早期智人曾在欧亚大陆南部生活吗？有，那就是散居于非洲和澳大利亚之间的一连串深色皮肤的现代人。我们审视上述路线时会发现什么？很显然，印度南部居民（尤其是泰米尔人）的肤色都很深。虽然北方的影响也显而易见（尤其是在中南半岛上，主要是后来与欧亚大陆北部农人杂交的结果），但安达曼群岛（印度领土，近缅甸）、中南半岛、菲律宾还有马来西亚的深肤色人口依然引人注目，而且新几内亚人和澳洲原住民的肤色也很深。他们的肤色之所以如此，是因为他们的祖先一直生活在热带地区强烈的紫外线之下。追溯起来，这显然是第一拨离开非洲的人走的路线。

可惜的是，这条路线上并没有发现多少化石证据。当然，这一时期的非洲也没有多少古人类化石，只有少数智人标本。乍一听，这似乎有些令人愕然，毕竟非洲被认为是智人的发源地，但其实要解释这种情况也很容易：化石本身就很难在热带地区形成，因为高温会加速骨和肉的腐烂。印度、中国南部、东南亚以及澳大利亚北部在这方面的情况也差不多。

不过，随着印度东南部瓦拉普勒姆遗址的发现（位于安得拉邦），围绕智人最早于何时出现在印度的问题也越来越多。印度的史前史学家在该遗址的火山灰层的上方和下方，都发掘出了旧石器时代中期（30万~3万年前）的典型石器，而那些火山灰正是7.4万年前苏门答腊岛多巴火山大喷发时释放的。鉴于这一灾难性事件的年代十分确定，所以我们似乎可以认为，在多巴火山爆发前，印度就已有智人居住（这个说法仍有争议，因为到目前为止，瓦拉普勒姆遗址仍是个案，而且也不是所有史前史学家都认可这些石器）。但如果确实如此，那智人到底是什么时候来的？考虑到约10万年前，中国南部已经有智人居住，所以我们认为，智人在印度的出现时间至少不会晚于这个时间，只是目前还没有相关的考古证据。

不过，我们还是来考虑一下这种可能性：离开非洲大约4万年后，智人游群部落已经遍布印度及中南半岛的海岸，或许还包括东南亚部分内陆地区。事实上，一个国际团队（包括法国巴黎国家自然历史博古馆的法布里斯·德米特）就在老挝的猴子洞中发现了一块距今约6万年的智人头骨。

中国最早的智人

我们几乎可以肯定的是，第一拨智人走出非洲后，其后代在10多万年前抵达了中国南方地区。中国科学院古脊椎动物与古人类研究所的研究员刘武率领团队，在湖南省道县的福岩洞里发现了47颗智人牙齿化石。铀系测年结果表明，将这些牙齿埋藏起来的石笋大约已有8万年历史，所以在这些钙板层下面发现的任何东西，应该会更加古老。此外，在该遗址发现的大量动物骨骼构成了一个野生生物识别标志，证实其年龄已经超过10万年。

这些弥足珍贵的骨骼化石证明，智人在中东地区南部、印度、印度尼西亚、澳大利亚和中国南方地区出现的时间比我们之前以为的还要早很多。如果澳大利亚在6.5万年前、中国在10多万年前就已经有人定居的话，那么我们认为，欧亚大陆南部有智人定居的时间还要更早，便是再明显不过的事实了。

冷风中的智人

如此倒是可以解释智人在欧亚大陆南部温暖地区聚居的行为，但在欧亚大陆北部呢？我们前面已经提到，有充分的考古和种族证据表明，第一拨智人在13.5万年前离开非洲，抵达欧亚大陆南部，因而并未离开他们所习惯的温、热气候带。中东地区和中国的第一批非洲智人（数量可能不多）或许去了更北的地方，接触到了欧亚大陆的其他人种，也就是尼安德特人和丹尼索瓦人。这种接触在中东地区尤为明显，因为约10万年前，尼安德特人就已经扩散到如今的伊拉克和黎凡特地区了。一切证据都表明，那里的尼安德特人在文化上非常接近远古智人。同样，在中国的华中地区，第一批欧亚智人与当地原有的人种（如丹尼索瓦人）之间也发生了混居的情况。

近来，生物技术的进步更为这一说法提供了基因证据。第一份完整的尼安德特人基因测序（该研究对象5万年前死在了西伯利亚中部的丹尼索瓦洞穴中）表明，约10万年前,远古智人已开始与本地尼安德特人杂交。但是，这种杂交是如何发生的？智人与尼安德特人最初相遇的地点（欧亚大陆的西部）为我们提供了线索，而其中尤其值得注意的一点便是，智人当时连远在2万千米之外的澳大利亚都能抵达，但区区1500千米之外的欧洲，他们却直到约4.3万年前才成功踏足。

混种智人

那么，这样的迁移该如何解释？难道是因为智人与尼安德特人发生了冲突？我们完全不认同这种观点。别忘了，史前的狩猎-采集游群是在荒郊野外生活，如果没有选择邻近其他游群的狩猎区域，就很可能永远没有机会遇到其他游群，最终会因基因贫乏而逐渐消失。根据现有的古人口学研究结果估计，尼安德特人的总数从未超过7万。而根据基因组多样性推测，古遗传学家认为这7万人中大约只有1万是育龄女性。考虑到尼安德特人的活动区域巨大，所以综合来看，他们的人口密度非常低，大约每平方千米仅有0.01个居民。

毫无疑问，离开非洲后，智人的人口密度比这还要低。要解释他们向澳大利亚的迁移，我们只能假设他们在抵达欧亚大陆的最初4万年中迅速增加了人口，大大提高了在热带地区的生存效力，尤其是在已经适应了温暖气候的情况下。之后，他们肯定会通过与欧亚混血人杂交，在基因和文化方面充实自己。在亚洲地区，杂交对象中可能还包括一些直立人的后代。现在，有了古遗传学的帮助，我们得知在智人到来前，欧亚大陆上的人口主要包括尼安德特人、丹尼索瓦人、弗洛里斯人（得名于其发现地点——印度尼西亚的弗洛里斯岛。这是一个令人着迷的远古人种，常因身材矮小而被称作“霍比特人”）。

尼安德特人和智人的杂交

关于这个问题，我们知道，智人遇到的黎凡特尼安德特人已经适应了中东地区的温暖气候，但这些原本来自北方的狩猎-采集者，无论是在文化上还是生理上，都更适应在寒冷地区生活。因此，智人与丹尼索瓦人、尼安德特人之间的文化和生理互动，只会为他们同样往北的迁移铺平道路。智人很可能先移居到了西伯利亚和现在的俄罗斯，而后才向欧洲进发。在俄罗斯的乌斯特-伊斯姆，一块距今4.5万年的智人胫骨表明，其祖先曾在6万年前与尼安德特人杂交。而在俄罗斯的科斯腾基14遗址，一名约于3.6万年前去世的年轻人则通过他的DNA告诉我们，尼安德特人和智人开始杂交的时间可能还要早一些，换言之，智人极有可能在6万年前就冒险北上了（图14）。

我们必须承认，有关智人征服北方的历史，目前只有这些数据支持。然而，我们又确实能从中得出，在6万~5万年前，中东、小亚细亚，甚至是亚洲同一纬度上更远的内陆地区，已经开始出现人种和文化的融合。作为智人与尼安德特人相遇的结果，这些人很可能获得了在尼安德特人的寒冷领地内生活所必需的生存技能和免疫系统。

这些混种智人可能还同来自智人密度较高地区的后来者混居在一起。这表明，就如欧洲人征服北美地区那时一样，某种由混合人种和混合文化所主导的人口联盟已经形成。然后，在接下来大约2万年的时间中，其中一些成员慢慢向北方迁移，在那里，智人的人口动态逐渐

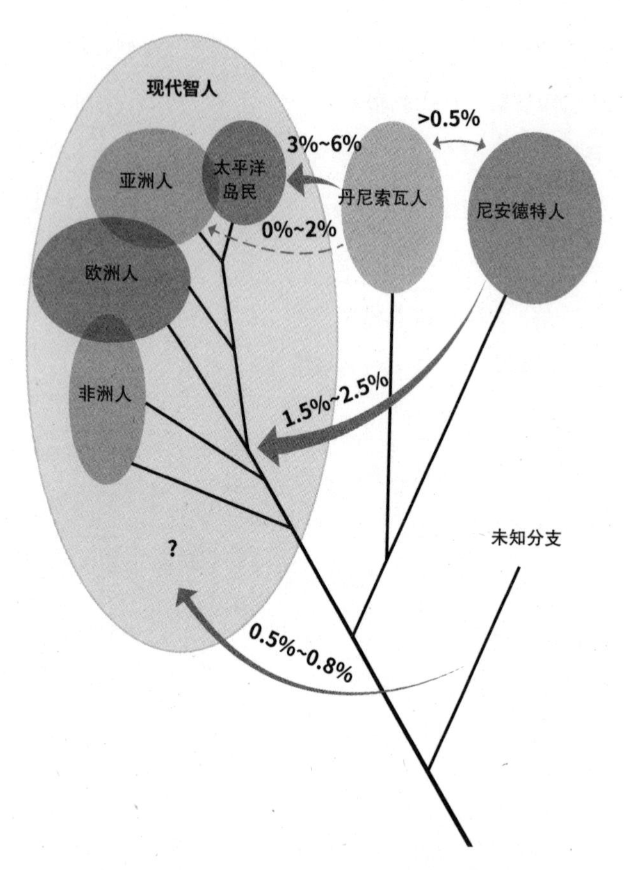

图14：丹尼索瓦人、尼安德特人、智人之间的基因漂流

智人同其他人种交换过基因，其中最著名的便是同尼安德特人和丹尼索瓦人。通过分析现代人的DNA，我们得知，欧洲人仍然携带着1%~3%的尼安德特人基因；亚洲大陆上的人拥有的尼安德特人基因较少，但保留了约1%的丹尼索瓦人基因；大洋洲的人保有3%~6%的丹尼索瓦人基因；现代的非洲人则完全没有尼安德特人或丹尼索瓦人的基因。这表明智人在离开非洲后确实与这些现已灭绝的人种杂交过。

占据主导地位。最后一批“典型的尼安德特人”（可能也同智人混居过）在欧洲消失后，尽管大约2500个世代已经过去，但现代欧亚混血人平均仍然携带了1%~3%的尼安德特人DNA。这个比例看着不高，但考虑到基因冲刷和那之后发生的数次迁移，还能携带这么多基因其实已经相当可观了。而且更惊人的是，在那些保留下来的基因中，很多都和适应寒冷能力或角蛋白的形成（角蛋白是指甲、头发等组织的主要组成成分，还负责皮肤的色素沉着）有关。看起来，尼安德特人的基因似乎对智人适应欧亚大陆的环境起到了促进作用。

我们来概括一下：从非洲到澳大利亚，随着南部人口越来越稠密，极具人口活力的智人开始慢慢移往欧亚大陆。然后，他们遇到了尼安德特人和丹尼索瓦人——两个因欧亚大草原上的基因漂流而多少有些联系的种群。因此可以说，西方的欧亚混血人是来自南方气候区西部的智人，与最早的西方人尼安德特人杂交的产物；东方的欧亚混血人（尤其是各种古亚洲人）则可能是经由大草原到达东方的智人（携带了尼安德特人基因）和来自南方气候区东部的智人以及最早的远东人（很可能是丹尼索瓦人）杂交的产物。

经过这种杂交后，大约4.5万年前，大草原上的人流往来应该还促成了其他交流，进而催生出西伯利亚人、美洲印第安人以及阿伊努人（日本原住民）。此时的智人已经适应了整个地球从南到北的所有气候和生物群落类型，并开始深刻地改变陆上景观和动物种群——其中最令人瞩目的，便是导致那些花了几千万年才进化到陆地食物链顶端的大型哺乳类食肉动物灭绝。智人在进化上取得了不可思议的成功（如果可以这么说的话），但我们该如何解释这种成功呢？接下来，我们就从文化和社会结构的角度来探讨一下。

第九章
部落的兴起

自约4万年前欧洲的“奥瑞纳文化”开始，早期的游群聚居地（本质上已是部落），或者至少可以说是地区性文化的聚居地就已经存在了。从法国阿尔代什的肖维岩洞来看，这些人迅速建立起一种社会结构。狼的驯化表明，更复杂的社会已经出现，并且预示着人类已经在自我驯化了——事实上，这种现象已经全面开展起来。这一点，不仅能通过我们的身体结构证实，还可以从技术的进步、半定居的生活方式以及社会结构的存在等角度来确认。

4万年前，也就是旧石器时代晚期（4万~1万年前）的初期，智人开始征服远古世界。不过，又过了2万年，当冰川作用导致海平面下降120米之后，智人才穿越今日俄罗斯和美国阿拉斯加之间的白令海峡，抵达“新大陆”。在每一块大陆上，社会进化几乎成为人类进化的唯一驱动力。那种需要依傍自然的小群体已经不复存在，人们越来越频繁地生活在更庞大、更有序的集体中，并且必须开始留心其中的社会规则，以便得到生存必需的资源，甚至是繁殖的机会。由此，规模更大、结构更有序的社会逐步出现，最终触发了全球化的进程。这一切主要与人类对自然界的整体影响越来越大有关，因此，随着人类从采集型经济（以狩猎-采集为主）逐步转向生产型经济（以储备、农耕、畜牧为主），自然环境也发生了天翻地覆的变化。

约4万年前旧石器时代晚期的人主要生活在游群中，而今天的人生活在大型社会中，其中一些甚至包括高达数十亿名成员。现在，我们就根据对考古遗址的分析，来探索一下处在这两个极端之间的各种社会制度。不过，我们主要描述的还是欧洲的社会制度，因为这里给我们留下的史前史信息最丰富。最后，我们会探讨第一种大型社会——国家的出现。

社会群体向来有规模逐步扩大的倾向，因此，旧石器时代晚期出现的第一种社会形式，便是那些文化同宗同源的游群融合而成的部落。从这个意义上说，部落就是一群拥有家族渊源（无论是真正的血缘关系，还是

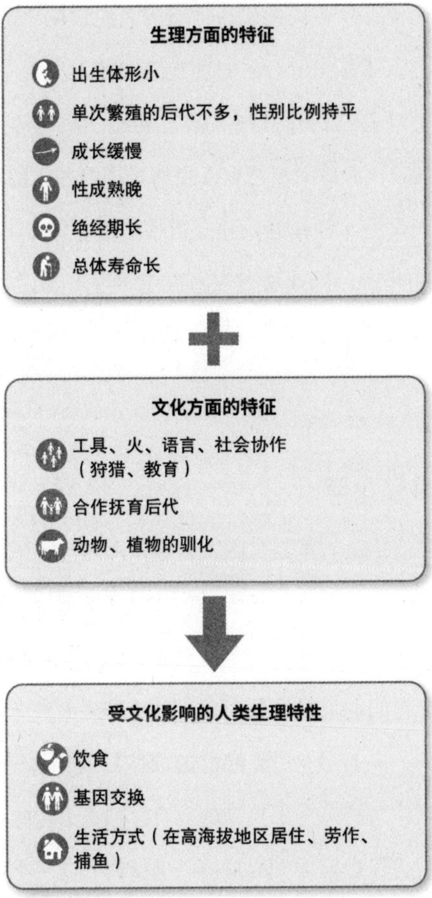

生理方面的特征

- 出生体形小
- 单次繁殖的后代不多，性别比例持平
- 成长缓慢
- 性成熟晚
- 绝经期长
- 总体寿命长

文化方面的特征

- 工具、火、语言、社会协作（狩猎、教育）
- 合作抚育后代
- 动物、植物的驯化

受文化影响的人类生理特性

- 饮食
- 基因交换
- 生活方式（在高海拔地区居住、劳作、捕鱼）

图15：成为智人的必要条件

智人具有许多特征：可归为典型K选择策略的人类学特征（1）；有助于维持和加强这些生物学特征的文化特征（2）；至今仍在影响人类生物学的社会文化特征（3）。

假想的文化、社会或传说属性）的人组成的自治群体。我们认为，部落在旧石器时代晚期开始时取代了游群，因为这类社会结构在欧洲人踏足的每一块大陆上都存在过，各时代的作家都观察并描述过当时存在的各种部落类型。作为一种社会结构，部落不但遍布世界各地，而且种类繁多，因此必然是长期进化的结果。我们可以认为，部落可能在旧石器时代晚期的初期就已经存在了。

社会黏合剂

最早的部落，可能是因人口增长而逐渐形成的。但即便毗邻的几个游群都知道他们有共同的起源，要维护共同的文化也是不够的，必须拥有一种“社会黏合剂”，一种基于共同利益或需要而形成的纽带。人种学方面的研究表明，某狩猎-采集游群的成员每天只会工作5个小时，然后共同分享采集到的东西。那么，这些游群为什么会接受在规模更大的群体中生活呢？在一个或一组游群中，有些成员必须积极努力地创造一种共同的文化，来充当“社会黏合剂”。

他们的动机可能各有不同，有的是为了获得更多的社交优势；有的是为了组建规模更大的狩猎队伍，以便合力杀死大型动物，让自己打一次猎就能获得大量资源。旧石器时代晚期的上半期属于前冰川期，气候较为寒冷，但欧亚大陆的草原上生活着无数大型食草动物，它们很容易被发现，所以要制订诱捕计划自然也不难。一头约4.5万年前在西伯利亚中部的叶尼塞河畔被宰杀的长毛象，就完美地说明了这一点。这头身上被若干狩猎者捅了若干刀的长毛象，很可能是被故意驱赶到泥泞的河畔后，累得已经无法动弹，最终被轻松杀掉的。

肖维岩洞的艺术家受到了资助

不管最初游群聚合为部落是出于个人利益还是集体利益，一个不争的事实是，约4万年前，社会聚合型结构的部落就已经存在，而且规模可能还相当庞大。这从法国阿尔代什省的肖维岩洞中就能略窥一二。该岩洞发现于1994年，后于2014年被联合国教科文组织列入世界遗产名录。洞中至少绘有447幅动物形象，蔚为壮观，其中335幅清晰可辨，大部分都创作于4.3万~2.8万年前欧洲的奥瑞纳文化时期，最古老的一幅则可追溯到约3.7万年前。这些动物形象全面展示了绘制者精湛的明暗、透视——可表现出运动感——以及构图技巧，而欧洲后来重新发展这些技巧，则要等到古希腊、罗马时代，甚至是文艺复兴时期了。这些岩画证明，在奥瑞纳文化时期，欧洲的这片地区存在过一个有能力培养动物绘画高级人才的社会。如此高水平的“艺术家”，必然是高强度训练的结果，而这需要强大的社会组织。哲学家伊曼纽尔·盖伊在其著作《艺术感受的史前史》（*Préhistoire du sentiment artistique*）中指出，法国、西班牙那些有名的岩画洞穴，展示出创作者多种多样的艺术风格和个性，说明那些动物绘画是由社会培训、供养的专业艺术家的作品（史前意义上的专业）。我们推断，在奥瑞纳文化内部，有些人拥有足够的影响力，可以维持这样一种“专业艺术家的生活”。

不过，肖维岩洞中这种“受资助”的行为能算作艺术吗？伟大的史前史学家安德烈·勒鲁瓦-古朗（1911—1986）研究过其他岩洞，如著名的拉斯科洞穴（可以追溯到约1.6万年前）。他认为，这些洞穴里的动物绘画是神话图（mythogram），也就是神话的抽象性、象征性表达。你可以明显感受到，这类岩洞中到处弥漫着泛灵论或图腾崇拜的氛围。这说明，与近代的图腾文化一样，在组成奥瑞纳文化的各个宗族中，也是由萨满来负责同保护宗族的神灵进行交流。又比如，在德国施瓦本侏罗山的霍伦斯泰因–施泰德洞穴中发现的史前狮子人雕像（长毛象牙制成,距今约4万年),似乎就清楚地表现了某种“人–狮”图腾，描绘的或许是一位头戴面具的萨满正在主持什么图腾仪式。如你所见，早期的信仰体系和仪式，很可能就是第一批部落文化创造者们的主要关注点，同时也起到了“社会黏合剂”的作用。

被装饰过的身体

奥瑞纳文化时期的欧洲和其他地区存在社会聚合性结构的部落，还能从另一个方面来证明：身体装饰。各种从周围环境中直接取得的东西（珍珠、动物牙齿、贝壳、石块、鹿角）常被装饰在身体和服饰上。人种志研究告诉我们，部落（相当于今天的地域性文化）倾向于用特定的标记来建立自己的身份，我们这个星球上的传统服饰种类多到惊人,原因就在于此。在奥瑞纳文化时期，这种丰富性最明显的体现就在于装饰物。

法国国家科学研究中心的史前史学家玛丽安·范海伦、弗朗西斯科·德艾瑞克，在清点了来自97个栖居地的至少162种不同装饰品之后，发现在奥瑞纳文化时期，法国东南部、意大利、奥地利、地中海东部的部落使用的饰品，完全不同于那些生活在欧洲北部的部落佩戴的饰品。不过，装饰品种类的多寡，并不能从某地是否拥有原材料的角度来解释。比如，法国西南部使用的动物牙齿饰品来自一个在意大利同样可以捕猎到的物种，但在意大利，人们并不会把那种动物的牙齿制成装饰。很显然，地域性文化的差别古已有之，这也进一步印证了当时部落文化已经存在的结论。

人的狼

部落社会出现时，人类也首次驯化了动物——狼。我们不太确定这一重大社会创新（人类社会中出现动物的第一个例子）是发生在奥瑞纳文化时期还是之后的格拉维特文化时期（3.1万~2.2万年前，首次发现于法国的格拉维特遗址）。2017年，普林斯顿大学的布里奇特·M.冯·霍特领导的研究小组发表了一份基因研究报告，称4万~2万年前，狼被驯化于单一地点。许多洞穴中发现的狗的头骨证实了这一观点，其中最著名的是西伯利亚阿尔泰山脉的拉兹博尼契亚洞穴和比利时的戈耶特洞穴。

所有这些洞穴的历史都可以追溯到3万多年前，早于西欧的格拉维特文化。

狼要变成狗，就需要改变遗传性状，这主要包括颅骨变小、尾巴和耳朵的形状改变、腿变短、毛发变短变疏。但这些只是表面上的变化，往更深的层次讲，人类更喜欢温驯的动物，所以狼天生的攻击性也被弱化了。2017年的一项研究发现，在29个已知可影响狗的社交能力的基因中，GTF2I和GTF2IRD1可能决定了狗的高水平社交能力，这是它们能与人类和平共处的关键原因之一。事实上，一些人罹患的威廉姆斯综合征，在一定程度上就是因为这两个基因出现了异常。这种罕见的遗传病会影响身体的多个部位，导致社交抑制的缺乏（比如不惧怕陌生人）。今天，动物行为学家和生物学家已经可以在解剖学和遗传学的层面上，对驯养动物具有但其野生祖先没有的具体特征进行确认和编目。综合到一起，这些特征就构成了生物学家所谓的"驯化综合征"。就狗而言，这种综合征尤其重要，且包含了多个方面，因为从旧石器时代起，人类就一直在根据自身需求不断地对狗进行改造。还有一件事也很有意思，从新石器时代（也就是农耕时代）开始，狼的AMY2B基因经过不断改良，最终使狗具有了消化面包的能力。

打猎带狗/不带狗

17世纪的法国寓言诗人拉·封丹有云，狗是“有人性的狼”。比起其他家养动物，我们给狗安排的工作最多，军用犬、牧羊犬、警用犬、诊断犬、伴侣犬、赛犬、雪橇犬、救援犬、助手犬、演员犬、攻击犬、寻回犬、看门犬、导盲犬等，不胜枚举。但在旧石器时代，可以说狗的主要任务只有一项，那就是协助狩猎。法国国家科学研究中心的动物行为学家皮埃尔·约文廷指出，狼群和人类之间的互动应该很频繁，因为二者占据的生态龛相同。狼群基本上很难猎杀大型动物，但很会占便宜，常常捡食猎人留下的动物残骸。因此，人类和狼群间可能建立起了无数密切关系。狼之所以会被驯养，起因无疑就是人，是他们先后通过驯服、训练改变了狼的遗传基因。约文廷强调：“人类与被驯化的狼之间的联系，给人类在适应环境方面提供了一项重要的优势。事实上，对桑人生活方式的研究表明，猎人带狗打猎时捕获的猎物是不带狗时的三倍。”

智人是一种自我驯化的动物吗？

我们之所以用这么多笔墨来介绍狼的驯化，是因为这也标志了人类的自我驯化，或者更确切地说，这基本上可以给出人类这种自我驯化发生的年代。古语有云，“人对人是狼”（Homo homini lupus est），但我们也说过，人类社会欣然接纳了狼。这是因为人类生活在部落社会当中，而部落社会要比游群社会更具强制性，因为凝聚力就是以各种限制为前提。但具体有哪些限制呢？比如，携手合作、尊重各种社会地位、恪守礼仪、避免犯忌、按照复杂的规则与他人共享资源、遵从亲属关系框架内的婚姻规则等等。与婚姻有关的规则就起源于部落思维，比如在繁衍后代的问题上，我们就可以看出部落如何管控其成员：大部分宗教都禁止信徒同异教徒通婚。当然，这仅仅是群体严格管控个人的一个例子。可以说，部落中的每位成员在某种程度上都是被群体驯化的动物（在越复杂的社会里越是如此）。

这个比喻很吸引人，但是否得当呢？其实，人类的自我驯化并不是什么时新想法。1868年，查尔斯·达尔文就在《动物和植物在家养下的变异》（*The Variation of Animals and Plants under Domestication*）一书中讨论过这个观点。人类应当注意到了自己同家养动物一样，随着时间的推移，攻击性在减弱，而社交能力则在增强。1871年，在《人类的由来及性选择》（*The Descent of Man, and Selection in Relation to Sex*）一书中，达尔文指出，社会会反抗自然选择，比如，帮助弱势成员，强迫成员以特定方式行事、遵守无数的规矩等，而这些就成了十分现实的选择压力。对游群来说是这样，对部落社会以及后来出现的更复杂的社会来说更是如此。我们有大量证据证实这种自我驯化现象，因为驯化综合征在现代人身上表现得非常明显，比如我们的颅骨要比奥瑞纳文化时期的人小15%（通过比较现代人和距今2.8万年的克罗马农人1号智人的头骨就可以明显看出），或体形逐渐纤细，骨量有所减少，以及与其他人科动物相比，我们的性别二态性相对不明显。

这一现象在格拉维特文化中表现得更为明显。当时出现的大型部落在大西洋和乌拉尔山脉之间的广阔区域内活动，生活方式很大程度上依赖于成员的移动能力。和那些更喜欢过定居生活的人相比，他们的股骨和胫骨明显要更长、更厚。不过，他们过的也很有可能是半定居生活，因为格拉维特文化时期的人在不断扩大的冰川的边缘生活，所以至少在严酷的冬天——捷克史前史学家伊日·斯沃博达认为——他们会住在临时“村庄”，或是附近山谷中那些会有迁徙动物路过的洞穴里。对那些在中欧大草原上活动的格拉维特人来说，长毛象尤其重要。他们组队围猎这些大型厚皮动物，被捕杀的长毛象数量多到他们可以用象骨来搭建棚屋。这就是为什么自2015年以来，美国人类学家帕特·希普曼一直提出，正是这些猎杀过长毛象等大型动物的格拉维特人最先驯化了狼。格拉维特人留下的物质文化表明，他们共同生活的社会要比奥瑞纳文化时期的社会更庞大；他们发明了带针眼儿的缝衣针，而且由于天寒地冻，他们肯定知道如何缝制能有效御寒的皮衣；他们的狩猎武器名叫“格拉维特燧石刀”，如长钉一般，显然在设计时考虑了配合推进系统（如投石器或弓）来使用。这些似乎都非常有效。综合起来看，格拉维特人可以被视作北方猎人，类似北美的印第安人。同样引人注目的是，他们应该能够聚集于一些大型狩猎营地，如捷克摩拉维亚的下维斯特尼采、帕夫洛夫或奥地利下奥地利州的克雷姆斯-瓦特贝格。

这些发现表明，格拉维特人掌握了许多储运方面的技术，比如种子、谷物甚至是肉类的运输和储存。美国大平原上的土著居民制作的干肉饼（由脂肪、肉干和浆果制成的食物）保质期长达几年，可能最能说明那时的人如何保存肉类。在诸多技术中，篮子的制作可能也起到了一定作用：人们在一尊制作于该时期的窑烘雕像上发现了布料的残迹，既然格拉维特人能够制作出如此精细的交织材料，那么制作篮子、绳子、垫子这类不那么精细的肯定也不在话下。此外，在几处格拉维特文化遗址（比兰契诺2号、佩格利斯洞穴、科斯腾基16号、帕夫洛夫4号）发现的磨石也说明，当时的人已经会收获并加工谷物和野草了。再加上大规模的捕猎为人们提供了丰富的资源，所以我们可以推断，格拉维特人施行的是采集、处理、储存的经济模式。

大量的民族志研究——如法国社会人类学家阿兰·特斯塔特（1945—2013）的经典著作《狩猎-采集者，或不平等的起源》（*The Hunter-Gatherers, or the Origins of Inequality*，1982）、加拿大考古学家布莱恩·海登的著作《人与不平等》（*Man and Inequality*，2008）——显示，实行直接分配制度的狩猎-采集者（一切都立即、公开地分享）创建的社会制度具有平等主义倾向，而实行延迟分配制度的狩猎-采集者（根据社会约束，一切要等之后才分享）则创造了不平等的社会制度。存货必须有人清点、保护，使用也要受到管控，这就必然会赋予某些人对存货的控制权，甚至导致存货的私有化。一般来说，行使这些权力的社会被认为要比那些一切都属于集体拥有、对所有人开放的社会更不平等。

当生态系统资源丰富，却并非全年都能提供时（尤其是冬天，长毛象大草原[1]就是这种情况），那么就必须有社会约束，比如由酋长强制实施，以确保该部落可以在资源充沛时尽可能多地收集，然后把肉类、鱼类和收获的植物通过各种方法处理好（如宰杀、修剪、磨碎、风干、熏制），再运输到安全场所保护起来。如此复杂的经济能正常运转，就意味着格拉维特社会中到处都存在着社会约束，而且人们被划分成了不同的社会群体。

“大人物”的墓葬

俄罗斯的松希尔遗址（位于莫斯科以东约200千米的弗拉基米尔市附近）被发现后，这种社会结构的存在得

1　指末次冰盛期时，东西向从西班牙到加拿大、南北向从北极诸岛到中国的广阔生物群系，气候寒冷干燥，在生物量中占优势地位的是长毛象等大型动物，故得此名。——译者注

到了明确印证。该遗址有一座距今约3万年的墓葬，墓主可能是格拉维特社会中的一位“王子”，或至少是某个影响力大到能拥有数量可观的劳动力供他支配的重要人物。这位“松希尔王子”因喉咙受伤而在45岁时去世，在其仰卧的身体旁，一名约12岁的男孩和一名约10岁女孩头对头平躺着，似乎代表了某种仪式。此外，三名死者身上都盖有赭土。

他们的陪葬品不但丰富，豪华程度还相当惊人。其中成年男性身穿一件华丽的长衣，上面饰有2900多颗用长毛象牙制成的珠子，头饰上装饰了贝壳、松鼠尾巴、矛头，而且墓中应该还有用其他有机材料制成的祭品，只是未能保存下来。两个孩子同样身着华服，上面共饰有约5000颗珠子。鉴于孩子身上的珠子要比“王子”的小三分之一，所以史前史学家认为，孩子们的服饰是为下葬专门制作的。但问题是，光是这些珠子的存在，本身就很说明问题了：假设每20分钟能制作一颗长毛象牙珠子，那么所有珠子加起来至少需要1万个小时才能完成，这还不包括把它们缝到衣服上的时间。由此看来，这些孩子要么是这位重要人物的陪葬，要么与之有什么家族或社会关系，然后在某次小冲突中与其同时丧生了。但无论是哪种情况，随葬的财富如此之多，专业化劳动耗费的时间如此之久，都足以证明三位死者的社会地位较高，而为他们工作的则是格拉维特社会中的底层成员。不可否认，智人的自我驯化在格拉维特文化中已相当先进。

社会角色是否按性别划分，并催生了相应的社会群体？

确实，在格拉维特文化中，一些领导者会对社会实施高压统治。但这种情况（加上一些环境和社会制约因素）是否催生了以生产角色、性别、家庭为基础的社会群体？我们并不清楚答案，因为我们甚至不知道男人是否打猎、女人是否制革。如果历史上的狩猎-采集社会存在以性别分工的行为，我们或许可以这样认为。

那么，在格拉维特文化中，女性是否会冒险接触长毛象？答案不太确定，因为在众多格拉维特女性雕塑中，我们并没有发现任何狩猎者形象。相反，她们全都是丰乳肥臀的模样，而且两腿粗壮，外阴也清晰可见。简而言之，都是生过好几次孩子的女人。鉴于此，以及有时这些雕像会穿着怀孕托腹带，甚至是某种类似胸罩的东西，所以这类雕像通常被认为是孕妇的护身符。而这与格拉维特社会高度重视母亲的情况相符合。在承担某些生产性角色（比如缝制衣服、煮饭等）和服务性角色（提供治疗等）之前，生儿育女可能是女性的核心社会任务——这倒不怎么让人觉得惊讶。

虽然我们并不清楚生产性和服务性角色是否会按性别划分，但通过对近代狩猎-采集社会的观察，我们似乎可以这么假设。从中欧的格拉维特文化遗址（如下维斯特尼采、帕夫洛夫）来看，皮革加工，石器、骨器、象牙制品、雕塑制造这类活动已经变得多样化，这可能同群体内的性别分工有关。

不过，这种分工似乎并未影响精英阶层的形成：对该时期（以及后格拉维特文化时期）一些豪华墓葬的研究表明，那时的男人和女人以同样的仪式下葬，且随葬品中都有用燧石打造的刀刃，墓主身上也穿戴着同样的装饰物，有时还覆有赭土。这说明，当时已经存在上层阶级，而且其中既有男性也有女性——这还是不怎么让人惊讶。

第十章
战争与国家

战争可能在社会生活的早期（最后一个大冰期之前）就已经出现，只不过我们无法证明。早在1.5万年前，战争在某些地区便已十分普遍，造成人与人之间的互相掠夺，也破坏了经济。最后一个大冰期前，农作物筛选的最初迹象已十分明显，农耕生活的所有要素在向农业、畜牧业过渡之前的几千年中就已存在。农民出现后，战争经济继续增长。最终，正是那些战士“发明”了国家。

“松希尔王子”的墓葬令人惊叹，但也展示了冰期前的格拉维特社会中存在的暴力行为。该墓葬透露出的那种触目惊心的社会分层和堂而皇之的财富炫耀，只能被解读为王子之类的重要人物之间竞争异常激烈的证据。想想他的死因（喉咙受伤），地位显赫显然并不足以保证某个人在社会竞争中稳操胜券。在一个囤积物资的社会、一个财富累积的社会中，那种压制竞争对手的诱惑可能意味着对暴力的不可或缺，从而引爆了战争。格拉维特文化时期可能发生过许多战争——根据我们的定义，战争就是一群人对另一群人发动的协同、血腥的攻击——可惜我们现在也没有任何证据。不过，格拉维特时期之后的梭鲁特文化时期（2.2万~1.7万年前）正值欧洲最严重的冰川期，气温骤降至零下20℃左右，所以那时战争可能称不上头等大事。

到了接下来的马格德林文化时期（1.7万~1.2万年前），猎鹿人的出现可能重新引发了尚武的趋向。这是西欧地区极为重要的文化时期，壮观的法国拉斯科洞穴和西班牙阿尔塔米拉洞穴就是这一时期的产物。但当时的狩猎-采集者（及物资储备者）中间显然存在着同类相食的行为——这被一些人解读为好战倾向——比利时的史前史学家爱德华-弗朗索瓦·杜邦（1841—1911）曾在纳穆尔省的特鲁·杜·富朗特洞穴中发现了一个“填满人骨的地窖”。这些人骨分属18个人（大部分是女性），而且他们似乎和附近的许多动物受到了同样的“待遇”。杜邦认为，这应该是某“酋长”去世后举行丧宴的遗迹，并且他猜测，酋长的家人可能也被献祭了。

不过，在英国萨默塞特郡的高夫洞穴中发现类似场面后，如此令人毛骨悚然的解释似乎就无法令人信服了。高夫洞穴中有一处宰杀场所遗址，距今已有约1.5万年，那里的遗骸既有动物的也有人类的，而且种种迹象表明，这些宰杀活动的目的都是营养补给。同样引人注目的细节还包括三个用人类颅骨碎片制成的杯子，让人不禁联想起19世纪末发现的类似杯子（尤其是在法国夏朗德的普拉卡洞穴中发现的那些，与其同属马格德林文化）。那么，这类颅骨杯是战利品吗？就像斯基泰人或高卢勇士对待敌人的颅骨那样？还是说它们与什么复杂的丧葬习俗有关？

但不管是什么，如果想找到末次冰期（1.8万年前）之后战争开始发生的确凿证据，我们现在只能离开欧洲，前往非洲了。大约1.4万年前，也就是高夫洞穴中的宰杀事件约1000年后，在后来成为上埃及的地区，一个属于当地卡丹文化的群体在一个叫杰贝尔萨哈巴的地方（现位于纳赛尔湖之下）建立了一座坟场，以便整齐有序地安葬族人。在大量遗骸残片中，人们发现的成年男女及儿童共计61人，其中至少有45%的人死于暴力，21个人的骨头上还嵌着石质尖矛头，说明他们生前曾被矛或箭刺伤，还有一些骨头上有明显的切痕，另一些的伤口则已经愈合了。

2016年，剑桥大学的玛尔塔·米拉松·拉尔率领研究团队，在肯尼亚的纳塔鲁克发现了27具遗骸，为旧石器时代末期（约1万年前）已经存在战争暴力提供了新证据。除身受多处骨伤外，这些纳塔鲁克的遗骸还表明，其中一些人是被先绑后杀。根据这一点，再加上其他细节，我们似乎可以得到这样一个结论：两个狩猎-采集者群体间存在战争。综上，杰贝尔萨哈巴和纳塔鲁克群体所属的社会曾长期面临冲突——换言之，到旧石器时代末期，战争已是寻常事。

永久性战争的爆发对人类进化造成了巨大的影响，因为战争会改变部落聚居地的自然环境。战争出现前，自然对个体而言充满了危险，但对群体来说却相对安全——当然，前提是群体成员对聚居地的自然环境有足够的了解，知道如何避开其中的危险。但战争出现后，部落不得不同怀有敌意的竞争者共享自然环境，使得整个部落及其个体成员都得面对事关生死存亡的威胁。

过去400多年的部落人种学研究以一种几近系统的方式告诉我们，大部分部落都或主动或被动地参与了局部战争。伊利诺伊大学的人类学家劳伦斯·基利在其著作《文明之前的战争》(*War Before Civilization*)当中，详细记述了人种志学者估计的参与了局部战争的各部落的死亡率。比如，在亚诺玛米人(至今依然生活在亚马孙热带雨林中的大型部落)当中，男性死亡人数可占到总人口的36%。相比之下，在20世纪欧洲的工业化国家中，这一比例仅为0.1%。所以，当今社会尽管看起来充斥着各种暴力，但和过去相比，实在是小巫见大巫。

另外值得注意的一点是，在过去，一个部落攻击别的部落，虽然从社会角度来讲极具破坏性，但仍然成了一种生活方式，以至于在很长时间内，人们谈及某个时间或事件时，都以某“勇士”形象作为普遍参照物。战争就和移民或重大气候事件一样，给人类个体和群体带来了新的选择压力。在我们看来，这必然也会造成遗传方面的影响。每当战争结束，俘虏被掠走后，新的群体就会形成，某些基因要么成倍增长，要么完全相反，越来越稀少，直至彻底消失。因此可以说，这类征服活动的结果就是基因以新的方式融合在一起。

不用说，战争变得寻常之后，总会有足够多的“大人物”把这种活动强加到人们身上。对精英阶层而言，战争一方面成了他们获取资源的捷径，使之可以借分配资源来提升自己的社会地位，一方面又自然而然地加强了某种社会凝聚力，使之可以进一步巩固权力。人种学家整理的大量案例表明，几乎所有已知的尚武部落都会把战俘变成奴隶，也就是说，战争很可能就是奴隶制度的原点。就这样，部落首领们开始主动发起战争，以扩大部落规模（掳走妇女和儿童）、提高产量（有了新的劳动力）、加强群体凝聚力（把战利品以及掳掠来的女性分发给支持者）。由于组成部落的部族之间互有竞争，所以结果便是，这类行为在史前部落社会（以及很可能在史前勇士社会）当中发挥了经济功能。

人类最早的庙宇

欧洲的马格德林文化时期之后，气候更温和的中东地区进入了前新石器时代（1.2万~1万年前）。在此期间，人类群体逐渐成为无可争辩的物资储备者，慢慢过上了更为稳定的生活（图16）。我们目前还没有发现任何该时代的陶器，但当时的人们已经生活在村庄里了。人们向部落首领和宗教上层人士贡献了巨量劳力和物资，供他们修筑庙宇、礼拜堂和陵墓。这样的例子在土耳其和叙利亚的幼发拉底河流域有很多。在狩猎-采集者建造的圣

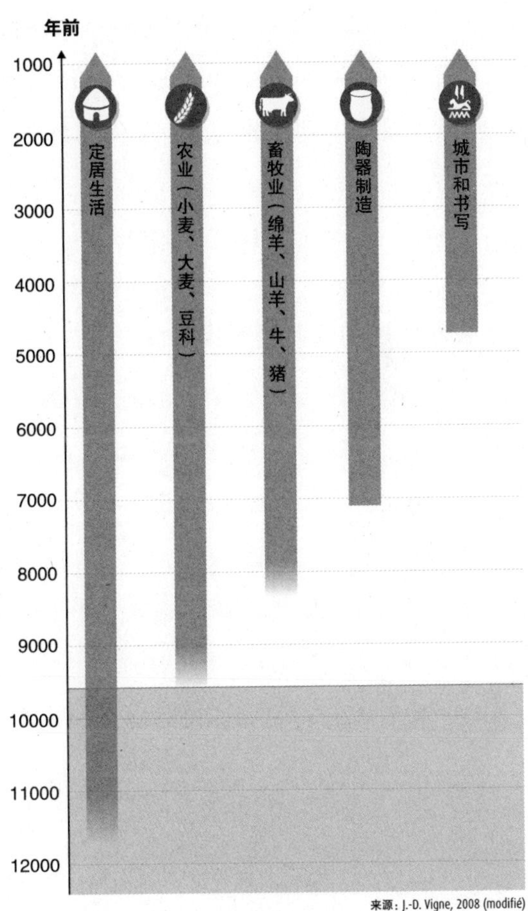

图16：中东进入新石器时代

新石器时代的经济制度——陶器制造、动物驯化、农业——由最早过上定居生活的狩猎-采集者所实行的储存经济缓慢发展而来。陶器制造出现在种植第一批农作物和驯化第一批牛之后。

所中，最令人叹为观止的要数建在土耳其哥贝克力山丘上的“巨石阵”：一系列刻有图腾的拟人化巨石（每块都需要数月才能完成）半埋在地下，沿一座椭圆形建筑物的墙壁有规律地耸立着。由于建筑物内还发现了石质长凳，所以这些巨石的用途有可能是支撑屋顶。

从未发生过的新石器时代革命

接下来，我们要讨论一个与智人进化有关的看法。考古学界曾有一种陈旧观点——由澳裔英籍考古学家维尔·戈登·柴尔德（1892—1957）提出——认为，历史上发生过一场“新石器时代革命”，让社会出现了巨大的飞跃，狩猎-采集者为了摆脱艰难的狩猎生活（相关研究已否定这一说法）而驯化动植物、发明农业和畜牧业、过上定居生活，并实行了以生产为基础的经济。那之后，他们才发展出不平等的父权社会，并很快开始频繁发动部落战争。

但事实上，新石器时代革命从来没发生过，或者说，至少不是像上面说的那样，而是伴随着驯化（狼以及人自己）和以生产为基础的经济（以物资储备的形式）——二者的出现均早于农业——在2万多年的时间里缓慢发生的，因为很显然，格拉维特人早就过上了半定居生活，还驯养了动物（狼），实行了大规模收集和储存物资的经济制度。这说明，他们的社会已经从采集型转向了生产型。

位于以色列的距今已有2.4万年历史的奥哈罗2号遗址，则为我们提供了又一个鲜明的例证：一群狩猎-采集者定居在太巴列湖畔，住棚屋、狩猎，但主要工作还是收割谷物和其他种子，然后按步骤、系统地对其进行处理，而这个过程的第一个步骤就是储存。以色列的史前史学家丹尼·纳达尔率领团队，在奥哈罗2号发现了9万多颗不同种类的野生谷物种子，以及13种水果和谷物。"野草"种子中混杂着二粒小麦（饲料用小麦）、大麦、野生燕麦，而且这些谷物的细微特征似乎预示了它们正在或将被"驯化"。此外，研究人员还发现一些燧石刀上有割草（如收割小麦、大麦）留下的痕迹，所以他们推断，这里的居民已经在从事某种早期形式的谷物种植活动，尽管规模不大，但仍要比先前公认的农业起源时间早1.1万年。

因此，尽管生活在末次冰期前，但中东地区的奥哈罗人和欧洲的格拉维特人在新石器时代开始前就已经过上了半定居生活。他们或许还没有陷入战争的恶性循环，但正如我们看到的那样，类似的冲突似乎在新石器时代之前就很普遍了。

新石器时代开始后，农民辛辛苦苦种地时，战争依然在世界上大部分地区接二连三地发生着。定居生活达到空前的规模，对人类生活造成了巨大影响（图17）。从发掘于一些大墓地的无数遗骸来看，定居生活促使大量的人长期在一个地方聚集，为传染病的传播制造了理想条件。其中许多疾病，如肺结核、布鲁氏菌病、麻疹等都是由家养动物传染给人的。

农耕生活也导致了饮食多样性的锐减。过着狩猎-采集生活时，人们可以吃到各种各样的食物，但成为农民后，饮食的种类受到限制，能吃到的就只有少数几种谷物和动物了。这一切，再加上某些化合物摄入太多（比如谷物中那些消耗很慢的糖分），导致人们在面对传染病时，身体的抵抗能力更低。此外，这种以农业、畜牧业生产为基础的新经济模式，也是导致世界人口至今依然急剧增长的原因之一。

那么这种增长从何而来，又在什么时候起开始变得令人担忧呢？法国国家科学研究中心已故的古人口学家让-皮埃尔·博凯-阿佩尔（1949—2018）认为，世界人口增长的主因还是谷物种植，因为这给人类提供了营养

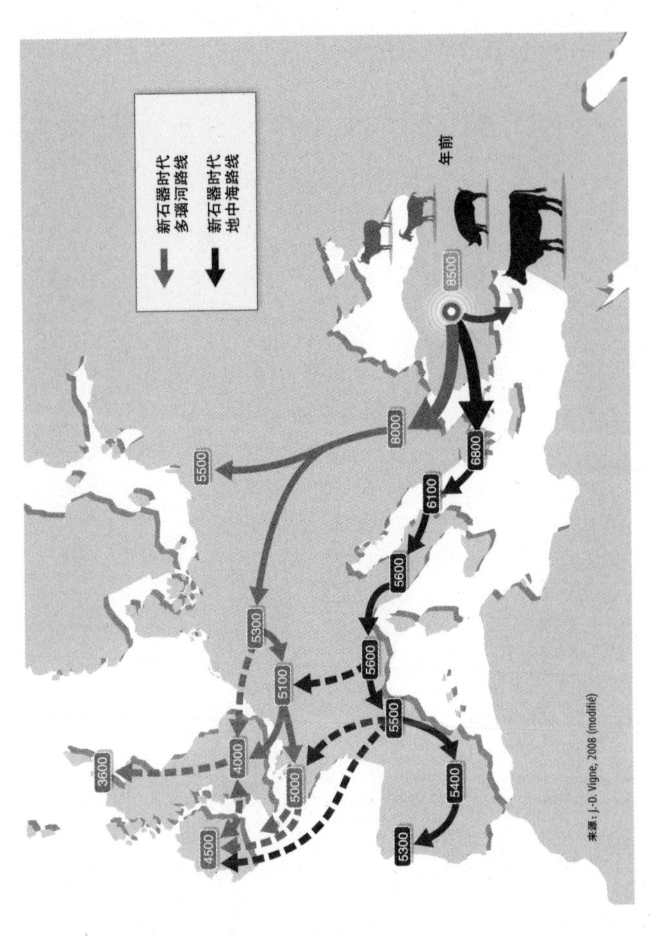

图17：驯养动物传入欧洲

新石器时代文化在世界上许多地方都出现过，但欧洲的新石器时代文化是通过地中海路线或多瑙河走廊，从小亚细亚和黎凡特地区传入的。

价值更高、更可口、更易得的食物，而在狩猎-采集文化中，没有哪种食物可以做到这一点。而且定居生活也在相当程度上减轻了狩猎-采集者的生活压力，让他们不必再为了寻找食物而带着子女在野外四处游荡。

在当代的狩猎-采集群体中，平均来说，女性每3年才会生育一次，之所以要间隔这么久，是为了保持“能量平衡”，即母乳喂养、体力活动消耗的能量与摄入食物获得的能量之间的比例。可在农业社会当中，尽管婴儿的死亡率很高，但因为饮食有规律、有保障，所以生育间隔缩短到了1年。据人口学家估计，旧石器时代晚期的初期（约4万年前），世界人口不足100万；到该时期结束时（约1万年前），已接近1000万；到国家文明出现时（约5000年前），已接近1亿。他们预测，到2050年，世界人口将达到100亿（图18）。

从新石器时代到国家

法兰西学院的让·吉莱纳在著作《该隐、亚伯、奥茨》（*Cain, Abel, Ötzi*，2011）一书中写道，人们仍然过着新石器时代的那种生活。这话用来描述铜器时代（开始于约5000年前）尤其准确，而奥茨“冰人”的悲惨命运

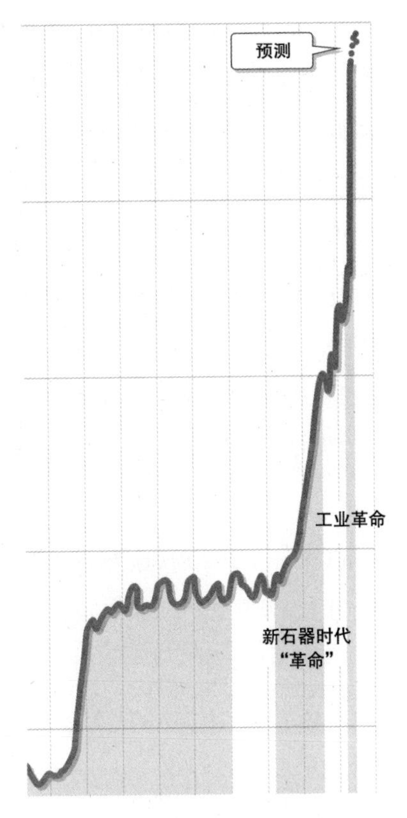

图18：全球人口的增长

4万多年前，因为狩猎-采集的生活方式，世界人口一直保持在相对稳定的水平。旧石器时代晚期之前，因为全球扩张和文化扩张，人口开始增长，后在新石器时代经济体系缓慢的文化成熟过程中，逐步稳定下来。随着新石器时代的到来，人口又开始了新的增长，并且除了一些副现象之外（瘟疫、欧洲人把病毒和细菌带到美洲等），一直持续增长到现代。今天，由于所谓的“人口转型”现象，发达国家的人口增长已经稳定下来，但其他地区的人口仍在增加。

就是明证。1991年9月，两名游客在横跨奥地利和意大利的奥茨塔尔阿尔卑斯山上发现了一具保存完好的木乃伊。随后对此人的随身物品和衣服的研究表明，奥茨“冰人”是阿尔卑斯山上某个小部落的成员，大约5300年前，他在试图穿越冰川逃跑时，因肩胛骨中箭而亡。在欧洲其他地区，那些所谓的大人物已成为部落内部的伟大勇士，而部落规模有时会高达数千人。最终，正是在这类部落中间，由无数勇士簇拥的“军阀”出现了——不论是在上埃及、美索不达米亚，还是在印度河流域、古代中国，情况皆是如此。

作为后来围绕在国王身边的那种精锐部队的“祖师爷”，这些部落勇士以及其他卫士之所以会誓死效忠于首领，原因只有一个：在许多文化中，要是首领死了，按规矩，他们也得被处死。因此，打败仗是不可想象之事。阿兰·塔斯塔特认为，部落的规模大到首领无法认全所有成员后，有些狂热的勇士就成了某些首领用来施行统治的关键工具。而这些首领一旦通过战争确保了自己的主宰地位，就必须变成管理者。就这样，最早的国家诞生了，人类离全球化又近了一步。

结语

智人的过去能给智人的未来提供什么有益的启示？4000多年前，美索不达米亚、埃及等地出现了最早的原始国家，尽管经历了数不清的动荡，但社会一直在向前发展。旧石器时代晚期开始时，地球上的智人还不足100万，但结束时，人数几乎已接近1000万；到冶金时代，这个数字开始逼近1亿；到1800年，也就是工业时代初期，更是达到了近10亿。现在，全世界人口已超过75亿。

这一切显然很可怕：人太多了，自然会遭受灭顶之灾。据估计，全球目前约有10亿人生活在贫民区，而且地球的大气正在迅速升温。人类对地球的影响，已经大到地质学家要将当前的地质时代命名为“人类世”的程度。

然而，智人还会继续进化。如今的我们要比以往任何时候都更群居化，生活环境也不再是旷野，而是人类社会。几百万年以来，人类的进化主要是生物意义上的进化，但几十万年前，智人出现了，而这一物种的进化则更加偏向文化意义，到大约4万年前，他们在文化上的进化甚至超过了在生物上的进化。

很快，我们便从狩猎-采集者变成了食物生产者，成了一个为了生产更多（人）而生产更多（物）的物种。因为这种模式，世界人口现在正向100亿逼近。考虑到人类社会组织的现状，如此多的人口，对地球本身及其他生命而言，实在是难以承受之重。捕鱼作为现存的最后一种向自然采集食物的方式，正因过度捕捞而难以维系；食物都是工业化生产，且通常来自转基因植物，而人们会把这些转基因食物喂给家畜，然后再把它们养成供食机器；机器人取代了勇士的位置；我们接触的人中，没见过面的要比见过面的多；社会的复杂程度已经不可逆转地超出了人类的理解能力，就连我们的领导人也只能望洋兴叹。

长此以往，总有一天，我们消耗资源的年均速度会超过地球产出资源的速度，到那时，整个生态系统便会不复存在。不过，很显然，一种新的人类学转变正在发生，并将带领我们甩掉新石器时代的思维，拥抱一种全新的心态。但具体是哪种心态，目前不太好回答。不过，发达国家出现的某些情况似乎能提供一点线索，如生育率越来越低，很多生产活动现在都可直接通过虚拟空间来完成。追求生活的乐趣和人生的意义，是当今文化中举足轻重的价值观。在发达国家，数字科技大大改变了人们的生活方式，让我们拥有了比以往更多的自由和机会。许多现代的移民活动，往往意味着人们是从发展中国家迁往那种似乎一切的沟通、行动都是由一支看不见的机器人军队在暗中巧妙筹划的国家。这表明,转变正在加速。

我们现在拥有了一种全球性的神经系统，那就是互联网，人类也因此在发生改变。如今，几乎任何人之间都能互通有无。一种新的数字文化血液，正在一半甚至更多的人体内加速流淌。毫无疑问，它将越流越广，改变地球上的生命。不过，我们愿意保持乐观。因为虽然不是很明显，但智人毕竟是智人，是“拥有智慧的人”，所以我们可以打赌，随着时间的推移，人类会变得更有智慧。

参考文献

第一章　从类人猿进化而来的两足动物

M. Brunet et al. "A new hominid from the Upper Miocene of Chad, Central Africa." *Nature*, 418 (2002): 145–51.

B. Senut et al. "First hominid from the Miocene (Lukeino Formation, Kenya)." *Comptes Rendus de l'Académie de Sciences*, 332 (2001): 137–144.

M. Pickford et al. "Bipedalism in *Orrorin tugenensis* revealed by its femora." *Comptes Rendus de l'Académie de Sciences,* 228, no. 4 (2002): 191–203.

P. G. M. Dirks et al. "Geological setting and age of Australopithecus sediba from Southern Africa." *Science*, 328 (2010): 205–208.

T. D. White et al. "*Ardipithecus ramidus* and the Paleobiology of Early Hominids." *Science*, 326 (2009): 64–86.

Y. Haile-Selassie, G. Suwa, and T. D. White. "Late Miocene Teeth from Middle Awash, Ethiopia, and Early Hominid Dental Evolution." *Science* 303, no. 5663 (2004): 1503–1505.

C. V. Ward et al. "Complete Fourth Metatarsal and Arches in the Foot of *Australopithecus afarensis*." *Science*, 331 (2011): 750–753.

M. D. Leakey. "The Fossil Footprints of Laetoli," *Scientific American*,

246 (1982): 50–57.

J. Kappelman et al. "Perimortem fractures in Lucy suggest mortality from fall out of tall tree." *Nature*, 537 (2016): 503–507.

Y. Deloison. "Etude des restes fossiles des pieds des premiers hominidés: *Australopithecus* et *Homo habilis*. Essai d'interprétation de leur mode de locomotion. Ph.D. thesis under the direction of Yves Coppens," Université de Paris V Sorbonne, 1993.

S. Bortolamiol et al. "Suitable habitats for endangered frugivorous mammals: small-scale comparison, regeneration forest and chimpanzee density in Kibale National Park, Uganda," *PLoS ONE*, 9 (2014): e102177.

Y. Coppens. *Le Singe, l'Afrique et l'homme*. Paris: Fayard, 1983.

D. C. Johanson. *Lucy's Legacy: The Quest for Human Origins*. New York: Harmony Books, 2009.

I. Tattersall. *Masters of the Planet: The Search for Our Human Origins*. New York: St. Martin's Griffin, 2013.

I. Tattersall and R. DeSalle. *The Accidental Homo Sapiens: Genetics, Behavior, and Free Will*. New York: Pegasus, 2019.

第二章　进化的加速器：文化

S. Harmand et al. "3.3–million–year–old stone tools from Lomekwi 3, West Turkana, Kenya." *Nature*, 521 (2015): 310–315.

J. Goodall. *My Friends, the Wild Chimpanzees*. Washington, DC: National Geographic Society, 1967.

B. Villmoare et al. "Early Homo at 2.8 Ma from Ledi–Geraru, Afar, Ethiopia." *Science*, 347, (2015), 1352–1355.

H. Roche. "Cognition et Culture matérielle." Talk to the Fyssen Foundation, when she received the Prix Fyssen 2012.

J. C. Thompson et al. "Taphonomy of fossils from the hominin-bearing deposits at Dikika, Ethiopia." *Journal of Human Evolution*, 86 (2015): 112–135.

L. C. Aiello and R. I. M. Dunbar. "Neocortex Size, Group Size, and the Evolution of Language." *Current Anthropology*, 34, no. 2 (1993): 184–193.

L. S. B. Leakey et al. "A New Species of The Genus *Homo* From Olduvai Gorge." *Nature*, 202 (1964): 7–9.

B. A. Wood. *Koobi Fora Research Project Volume 4: Hominid Cranial Remains*. New York: Oxford University Press, 1991.

B. A. Wood and M. Collard. "The Human Genus." *Science*, 284 (1999): 65–71.

R. Klein. *The Human Career: Human Biological and Cultural Origins*, 3rd ed. Chicago: University of Chicago Press, 2009.

第三章　我的大脑袋（差点儿）害死我

J. Giedd et al. "Brain Development during Childhood and Adolescence: A Longitudinal MRI Study." *Nature Neuroscience*, 2 (1999): 861–863.

T. D. Weaver and J. J. Hublin. "Neandertal birth canal shape and the evolution of human childbirth." *Proceedings of the National Academy of Sciences*, 106, no. 20 (2009): 8151–8156.

N. Roach et al. "Elastic energy storage in the shoulder and the evolution of high-speed throwing in *Homo*." *Nature*, 498 (2013): 483–486.

R. Caspari and S. H. Lee. "Is human longevity a consequence of cultural change or modern biology?" *American Journal of Physical Anthropology*, 129, no. 4 (2006): 512–517.

R. Caspari and S. H. Lee. "Older age becomes common late in human evolution." Proceedings of the National Academy of Sciences, 101, no. 30 (2004): 10895–10900.

H. Pontzer et al. "Metabolic acceleration and the evolution of human brain size and life history." *Nature*, 533 (2016): 390–392.

L. C. Aiello and P. Wheeler. "The Expensive-Tissue Hypothesis: The Brain and the Digestive System in Human and Primate Evolution." *Current Anthropology*, 36, no. 2 (1995): 199–221.

K. Fonseca-Azevedo and S.Herculano-Houzel. "Metabolic constraint imposes tradeoff between body size and number of brain neurons in human evolution." Proceedings of the National Academy of Sciences, 109, no. 45 (2012): 18571–18576.

A. Gibbons. "Food for Thought." *Science*, 316 (2007): 1558–1560.

A. Navarrete et al. "Energetics and the evolution of human brain size." *Nature*, 480 (2011): 91–93.

C. K. Brain and A. Sillent. "Evidence from the Swartkrans cave for the earliest use of fire." *Nature*, 336 (1988): 464–466.

R. Wrangham. *Catching Fire: How Cooking Made Us Human*. New York: Basic Books, 2009.

N. Alperson–Afil and N. Goren–Inbar "Out of Africa and into Eurasia with controlled use of fire: Evidence from Gesher Benot Ya'aqov, Israel." *Archaeology, Ethnology and Anthropology of Eurasia*, 28, no. 1 (2006): 63–78.

第四章　习惯性两足行走对我们的影响

S. Semaw et al. "2.5–million–year–old stone tools from Gona, Ethiopia." *Nature*, 385 (1997): 333–336.

D. E. Lieberman. "Four legs good, two legs fortuitous: Brains, brawn and the evolution of human bipedalism." In *In the Light of Evolution: Essays in the Laboratory and Field*. J. B. Losos, ed. Greenwood Village, CO: Roberts and Company, 2011, 55–71.

D. E. Lieberman. *The Story of the Human Body: Evolution, Health, and Disease*. New York: Pantheon, 2013.

J. du Chazaud. *Les Glandes Endocrines : Leur rôle sur la sexualité et le système nerveux*. Paris: Éditions du Dauphin, 2016.

N. G. Jablonski and G. Chaplin. "The evolution of human skin coloration." *Journal of Human Evolution*, 39 (2000): 57–106.

N. G. Jablonski. *Skin: A Natural History*. Berkeley: University of California Press, 2006.

第五章　狩猎唤醒了所有感官

A. Stoessel et al. "Morphology and function of Neandertal and modern human ear ossicles." *Proceedings of the National Academy of Sciences*, 2016.

L. Werdelin and M. E. Lewis. "Temporal Change in Functional Richness and Evenness in the Eastern African Plio-Pleistocene Carnivoran Guild." *PLoS ONE*, 8, no. 3 (2013): 1-11.

K. G. Hatala et al. "Footprints reveal direct evidence of group behavior and locomotion in *Homo erectus*." *Scientific Reports*, 6 (2016).

M. R. Bennett et al. "Preserving the Impossible: Conservation of Soft-Sediment Hominin Footprint Sites and Strategies for Three-Dimensional Digital Data Capture." *PLoS ONE*, 8, no. 4 (2013): e60755.

J. M. Harris, ed. *The Fossil Ungulates: Geology, Fossil Artiodactyls and Palaeoenvironments*. Koobi Fora Research Project, 3, no. 1, New York: Oxford University Press, 1991.

H. L. Dingwall et al. "Hominin stature, body mass, and walking speed estimates based on 1.5 million-year-old fossil footprints at Ileret, Kenya." *Journal of Human Evolution*, 64 no. 6, (2013): 556-568.

C. Hobaiter and R. W. Byrne. "Flexibilité et intentionnalité dans la communication gestuelle chez les grands singes." *Revue de Primatologie*, 5 (2014).

C. Crockford et al. "Wild Chimpanzees Inform Ignorant Group Members of Danger." *Current Biology*, 22, no. 2 (2012): 142–146.

R. D'Anastasio et al. "Micro–Biomechanics of the Kebara 2 Hyoid and Its Implications for Speech in Neanderthals." *PLoS ONE*, 8, no. 12 (2013): e82261.

J. A. Hurst et al. "An extended family with a dominantly inherited speech disorder." *Developmental Medicine & Child Neurology*, 32, no. 4 (1990): 352–355.

J. Krause et al. "The Derived FOXP2 Variant of Modern Humans Was Shared with Neandertals." *Current Biology*, 17, no. 21 (2007): 1908–1912.

A. Flinker et al. "Redefining the role of Broca's area in speech." *Proceedings of the National Academy of Sciences*, 112, no. 9 (2015): 2871–2875.

第六章　第一次征服地球

L. Gabunia and A. Vekua. "A Plio–Pleistocene hominid from Dmanisi, East Georgia, Caucasus." *Nature*, 373 (1995): 509–12; L. Gabunia et al. "Earliest Pleistocene Hominid Cranial Remains from Dmanisi, Republic of Georgia: Taxonomy, Geological Setting, and Age." *Science*, 288 (2000): 1019–1025.

M. Sahnouni et al. "1.9–million– and 2.4–million–year–old artifacts and stone tool–cutmarked bones from Ain Boucherit, Algeria." *Science* 362, no. 6420 (2018): 1297–1301.

M. J. Morwood et al. "Revised age for Mojokerto 1, an early *Homo erectus* cranium from East Java, Indonesia." *Journal Australian Archaeology*, 57, no. 1 (2003): 1–4.

M. Rasse et al. "The site of Longgupo in his geological and geomorphological environment." *L'Anthropologie*, 115, no. 1 (2011): 23–39.

R. Ciochon and R. Larick. "Early *Homo erectus* Tools in China." *Archaeology*, 53, no. 1, (2000): 14–15.

H. Alçiçek and M. Alçiçek. "Geographic and geological context of the Kocabaş site, Denizli Basin, Anatolia, Turkey." *L'Anthropologie*, 118, no. 1 (2014): 11–15.

H. de Lumley. "Le site de l'Homme de Yunxian, province du Hubei, Chine. Signification du matériel archéologique et paléontologique sur le site de l'Homme de Yunxian (note d'information)." *Comptes rendus des séances de l'Académie des Inscriptions et Belles–Lettres*, 153, no. 1 (2009): 119–123.

M. Pavia et al. "Stratigraphical and palaeontological data from the Early Pleistocene Pirro 10 site of Pirro Nord (Puglia, south eastern Italy)." *Quaternary International*, 2012.

I. Toro–Moyano et al. "L'industrie lithique des gisements du Pléistocène inférieur de Barranco León et Fuente Nueva 3 à Orce, Grenade, Espagne." *L'Anthropologie*, 113, no. 1 (2009): 111–124.

A. E. Lebatard et al. *Earth and Planetary Science*, 390 (2004): 8–18.

C. J. Lepre et al. "An earlier origin for the Acheulian," *Nature*, 477

(2011): 82–85.

I. Toro–Moyano et al. "The oldest human fossil in Europe dated to ca. 1.4 Ma at Orce (Spain)." *Journal of Human Evolution*, 65 (2013): 1–9.

O. Bar–Yosef et al. *The Lithic Assemblages of "Ubeidiya, a Lower Paleolithic Site in the Jordan Valley"*. Qedem 34: Publication of the Institute of Archeology, The Hebrew University of Jerusalem, 1993.

N. Ashton et al. "Hominin Footprints from Early Pleistocene Deposits at Happisburgh, UK." *PLoS ONE*, 9, no. 2 (2014): e88329.

J. Krause et al. "The complete mitochondrial DNA genome of an unknown hominin from southern Siberia." *Nature*, 464, no. 7290 (2010): 894–897.

第七章　智人出现了……

I. Hershkovitz et al. "The Earliest Modern Humans outside Africa." *Nature*, 520, no. 7546 (2015): 216–219.

J. J. Hublin et al. "New fossils from Jebel Irhoud, Morocco and the pan–African origin of *Homo sapiens*." *Nature*, 546, no. 7657 (2017): 289–292; D. Richter et al. "The age of the hominin fossils from Jebel Irhoud, Morocco, and the origins of the Middle Stone Age." *Nature*, 546, no. 7657 (2017): 293–296.

E. Scerri et al. "Did Our Species Evolve in Subdivided Populations across Africa, and Why Does it Matter?" *Trends in Ecology and Evolution*, 33, no. 8 (2018): 582–94; H. S. Groucutt et al. "*Homo sapiens* in Arabia by 85,000 years ago." *Nature Ecology & Evolution*, 2, no. 5 (2018): 800–809.

Y. N. Harari. *Sapiens: A Brief History of Humankind*. New York: Harper, 2015.

S. Condemi and F. Savatier. *Néandertal, mon frère*. Paris: Flammarion, 2016.

S. Sankararaman et al. "The genomic landscape of Neanderthal ancestry in present–day humans." *Nature*, 507, no. 7492 (2014): 354–357.

B. Vernot and J. M. Akey. "Resurrecting Surviving Neandertal Lineages from Modern Human Genomes." *Science*, 343, no. 6174 (2014): 1017–1021.

A. Rosas et al. "The growth pattern of Neandertals, reconstructed from a juvenile skeleton from El Sidrón (Spain)." *Science*, 357, no. 6357 (2017): 1282–1287.

P. Gunz et al. "Brain development after birth differs between Neanderthals and modern humans." *Current Biology*, 20, no. 21 (2010): 921–922; E. Pearce et al. "New insights into differences in brain organization between Neanderthals and anatomically modern humans." *Proceedings of the Royal Society of Biological Sciences*, 280, no, 1758 (2013); T. Kochiyama et al. "Reconstructing the Neanderthal brain using computational anatomy." *Nature*, 8

(2018): 6296.

E. Trinkaus and M. R. Zimmerman. "Trauma among the Shanidar Neandertals." *American Journal of Physical Anthropology*, 57, no. 1 (1982): 61–76.

F. de Waal. *Mama's Last Hug: Animal Emotions and What They Tell Us about Ourselves*. New York: W. W. Norton, 2019.

J. L. Arsuaga et al. "Sima de los Huesos (Sierra de Atapuerca, Spain). The site." *Journal of Human Evolution*, 33 (1997): 109–127.

T. Higham et al. "The timing and spatiotemporal patterning of Neanderthal disappearance." *Nature*, 512 (2014): 306–309.

S. G. Shamay–Tsoory. "The neural bases for empathy." *Neuroscientist*, 17, no. 1 (2011): 18–24.

Q. Fu et al. "The genetic history of Ice Age Europe." *Nature*, 534 (2016): 200–205.

Q. Fu et al. "An early modern human from Romania with a recent Neanderthal ancestor." *Nature*, 524 (2015): 216–219; R. E. Green et al. "A complete Neanderthal mitochondrial genome sequence determined by high–throughput sequencing." *Cell*, 134 (2008): 416–426.

R. E. Green et al. "A draft sequence of the Neandertal genome." *Science*, 328 (2010): 710–722.

第八章　智人向全球的扩散

K. Harvati et al. Apidima Cave fossils provide earliest evidence of *Homo sapiens* in Eurasia, *Nature*, 571 (2019): 500–504.

S. J. Armitage et al. "The Southern Route 'Out of Africa' : Evidence for an Early Expansion of Modern Humans into Arabia." *Science*, 331 (2011): 453–456; A. Lawler. "Did Modern Humans Travel out of Africa via Arabia?" *Science*, 331 (2011): 387.

C. Clarkson et al. "Human occupation of northern Australia by 65,000 years ago." *Nature*, 547 (2017): 306–310.

L. Wu et al. "Human remains from Zhirendong, South China, and modern human emergence in East Asia." *Proceedings of the National Academy of Sciences*, 107, no. 45 (2010): 19201–19206; X. Song et al. "Hominin Teeth From the Early Late Pleistocene Site of Xujiayao, Northern China," *American Journal of Physical Anthropology*, 156 (2015): 224–240.

R. E. Frisch. "The right weight: body fat, menarche and ovulation." *Baillière's Clinical Obstetrics and Gynaecology*, 4, no. 3 (1990): 419–439.

L. R. Botigué et al. "Ancient European dog genomes reveal continuity since the Early Neolithic." *Nature Communications*, 8 (2017): e16082.

X. Song et al. "Hominin Teeth from the Early Late Pleistocene Site of Xujiayao, Northern China," op. cit.

C. Hill et al. "Phylogeography and Ethnogenesis of Aboriginal

Southeast Asians." *Molecular Biology and Evolution*, 23, no. 12 (2006): 2480–2491.

R. E. Green et al. "A draft sequence of the Neandertal genome." *Science*, 328 (2010): 710–722.

A. Seguin–Orlando et al. "Genomic structure in Europeans dating back at least 36,200 years," *Science*, 346, no. 6213 (2014): 1113–1118.

B. Vandermeersch. *Les Hommes fossiles de Qafzeh (Israël)*. Paris: Les éditions du CNRS, 1981.

M. Kuhlwilm et al. "Ancient gene flow from early modern humans into Eastern Neanderthals." *Nature*, 530 (2016): 429–433.

第九章　部落的兴起

S. L. Kuhn and M. C. Stiner. "What's a Mother to Do? The Division of Labor among Neandertals and Modern Humans in Eurasia." *Current Anthropology*, 47, no. 6 (2006): 953–980.

E. Guy. *Ce que l'art préhistorique dit de nos origines*. Paris: Flammarion, 2017.

A. Leroi–Gourhan. *Le Geste et la Parole: Technique et langage* (vol. 1); *Mémoire et les Rythmes* (vol. 2). Paris: Albin Michel, 1964–1965.

J.–P. Bocquet–Appel and A. Degioanni. "Neanderthal Demographic Estimates." *Current Anthropology*, 54, no. 58 (2013): 202–213; S. L. Kuhn and E. Hovers. "Alternative Pathways to Complexity: Evolutionary Trajectories in the Middle Paleolithic and Middle

Stone Age," op. cit.

A. Testart. *Les chasseurs cueilleurs ou l'origine des inégalités*. Paris: Société d'Ethnographie, 1982.

B. Hayden. *L' homme et l'inégalité: l'invention de la hiérarchie à la préhistoire*. Paris: CNRS Editions, 2008.

C. Darwin. *The Expression of the Emotions in Man and Animals*. London: John Murray, 1871 (reprinted 1998, Oxford University Press).

C. Darwin. *The Variation of Animals and Plants under Domestication*, vol. II. New York: D. Appleton and Company, 1899.

A. S. Wilkins et al. "The 'Domestication Syndrome' in Mammals: A Unified Explanation Based on Neural Crest Cell Behavior and Genetics." *Genetics*, 197, no. 3 (2014): 795–808.

P. Jouventin. *Trois prédateurs dans un salon: Une histoire du chat, du chien et de l'homme*. Paris: Éditions Belin, 2014.

P. Shipman. *The Invaders: How Humans and Their Dogs Drove Neanderthals to Extinction*. Cambridge, MA: Harvard University Press, 2015.

A. Revedin et al. "Thirty thousand–year–old evidence of plant food processing." *Proceedings of the National Academy of Sciences*, 10, no. 44 (2010): 18815–18819.

J. K. Kozłowski "The origin of the Gravettian." *Quaternary International*, 359–360 (2015): 3–18.

J. M. Adovasio et al. "Perishable Industries from Dolní Vestonice

I: New Insights into the Nature and Origin of the Gravettian." *Archaeology, Ethnology and Anthropology of Eurasia*, no. 6 (2001): 48–65.

O. Soffer et al. "Recovering Perishable Technologies through Use Wear on Tools: Preliminary Evidence for Upper Paleolithic Weaving and Net Making." *Current Anthropology*, 45, no. 3 (2004): 407–413.

第十章　战争与国家

É. Dupont. *Les Temps Préhistoriques en Belgique: L'Homme pendant les Âges de la Pierre dans Les Environs de Dinant–sur–Meuse*. Bruxelles: C. Muquardt, 1873 (reprinted 2010, Kessinger Legacy Reprints).

R. Robert and A. Glory. "Le culte des crânes humains aux époques préhistoriques." *Bulletins et Mémoires de la Société d'Anthropologie de Paris*, 8, no. 1 (1947): 114–133.

F. Le Mort and D. Gambier. "Cutmarks and Breakage on the Human Bones from Le Placard (France)." *Anthropologie*, 29, no. 3 (1991): 189–194.

S. Bello et al. "Earliest Directly–Dated Human Skull–Cups." *PLoS ONE*, 6, 2 (2011): e17026.

D. Antoine et al. "Revisiting Jebel Sahaba: New Apatite Radiocarbon Dates for One of the Nile Valley's Earliest Cemeteries." *American Journal of Physical Anthropology Supplement*, 56 (2013).

R. Kelly. "The evolution of lethal intergroup violence." *Proceedings of the National Academy of Sciences*, 102 (2005): 24–29.

M. Judd. "Jebel Sahaba Revisited." *Archaeology of Early Northeastern Africa, Studies in African Archaeology*, 9 (2006): 153–166.

M. Lahr et al. "Inter–group violence among early Holocene hunter–gatherers of West Turkana, Kenya." *Nature*, 529, no. 7586 (2016): 394–398.

L. H. Keeley. *War before Civilization: The Myth of the Peaceful Savage*. New York: Oxford University Press, 1996.

G. Magli. "Sirius and the project of the megalithic enclosures at Gobekli Tepe." *Nexus Network Journal*, 18, no. 2 (2016): 337–346.

V. G. Childe. *Man Makes Himself*. London: Watts & Co., 1936 (reprinted 1951, New American Library).

D. R. Piperno et al. "Processing of wild cereal grains in the Upper Palaeolithic revealed by starch grain analysis." *Nature*, 430 (2004): 670–673.

D. Nadel et al. "Stone Age Hut in Israel Yields World's Oldest Evidence of Bedding. *Proceedings of the National Academy of Sciences*, 101 (2004): 6821–6826.

A. Snir et al. "The Origin of Cultivation and Proto–Weeds, Long Before Neolithic Farming." *PLoS ONE*, 10, vol. 7 (2015): e0131422.

J.–P. Bocquet–Appel and O. Bar–Yosef, eds. *The Neolithic*

Demographic Transition and its Consequences. New York: Springer, 2008.

J. Guilaine. *Caïn, Abel, Ötzi: L'héritage néolithique*. Paris: Gallimard, 2011.

J.-D. Vigne. "Zooarchaeological aspects of the Neolithic diet transition in the Near East and Europe, and their putative relationships with the Neolithic demographic transition." T*he Neolithic Demographic Transition and Its Consequences*, J.-P. Bocquet-Appel and O. Bar-Yosef, eds. New York: Springer (2008): 179-205.

J.-N. Biraben. "*L'évolution du nombre des hommes.*" *Population et Sociétés*, 394 (2003).

致 谢

创作这本书的想法诞生于几年前，确切地说，是撰写《尼安德特人，我的兄弟》（*Néandertal, mon frère*, Flammarion，2016）期间。那本书总结了我们目前对尼安德特人的了解，以及他们与同时期的其他种群，尤其是与智人之间的关系。

我们之所以又写这本书，是感觉有必要说明我们这个物种不是突然出现的，不是某种剧变的结果。恰恰相反，我们的形态变化经过了很长一段时间才完成，其中一些步骤甚至花了好几百万年，比如逐渐获得直立行走的能力，但最重要的一点还是：我们想证明文化对人类的生理变化造成的巨大影响，这从石器的制造、火的使用、通过口头交流来实现社会合作等方面就可以看出来，正是这些活动引导了人类漫长的进化过程。

本书虽是我们二人多年思考的结晶，但在此期间，我们也得到了许多机构的支持，收到了许多朋友、同事的建议、帮助和鼓励。感谢美国自然历史博物馆的艾瑞克·德尔森（Eric Delson）教授和伊恩·塔特索尔（Ian Tattersall）教授、宾夕法尼亚大学的珍妮特·蒙格（Janet Monge）教授、普林斯顿大学的艾伦·曼（Alan Mann）教授，谢谢他们对本书英文版提供的帮助和建议。

感谢弗拉马里翁出版社科学出版部的两位主管苏菲·柏林（Sophie Berlin）和克里斯蒂安·库尼朗（Christian Counillon），在我们写作本书的几年中，他们的鼓励尤为重要；感谢弗拉马里翁版权部的弗洛伦斯·吉里（Florence Giry）给予的支持和信任；感谢本书的美国出版方实验出版公司（The Experiment）的联合创始人、老板马修·洛尔（Matthew Lore）；感谢在本书英文版的筹备过程中，奥利维亚·佩鲁索（Olivia Peluso）给予的帮助和耐心、珍妮弗·何甄洛德（Jennifer Hergenroeder）提供的协助以及贝丝·布尔格（Beth Bugler）所做的设计工作。

译名对照表

学名

阿舍利文化　Acheulean

埃塞俄比亚傍人　Paranthropus aethiopicus

奥尔德沃文化　Oldowan

奥瑞纳文化　Aurignacian

傍人　Paranthropus

鲍氏傍人　Paranthropus boisei

查特佩戎文化　Châtelperronian

丹尼索瓦人　Denisovan

地猿　Ardipithecus

弗洛里斯人　Homo floresiensis

格拉维特文化　Gravettian

格鲁吉亚人　Homo georgicus

海德堡人　Homo heidelbergensis

黑猩猩属　Pan

后格拉维特文化　Epigravettian

匠人　Homo ergaster

卡达巴地猿　Ardipithecus kadabba

卡丹文化　Qadan Culture

肯尼亚平脸人　Kenyanthropus platyops

鲁道夫人　Homo rudolfensis

罗百氏傍人　Paranthropus robustus

马格德林文化　Magdalenian

莫斯特文化　Mousterian

纳莱迪人　Homo naledi

南方古猿　Australopithecus

南方古猿阿法种　Australopithecus afarensis

南方古猿非洲种　Australopithecus africanus

南方古猿湖畔种　Australopithecus anamensis

南方古猿近亲种　Australopithecus deyiremeda

南方古猿惊奇种　Australopithecus gahri

南方古猿羚羊河种　Australopithecus bahrelghazali

南方古猿源泉种　Australopithecus sediba

能人　Homo habilis

普尔加托里猴　Purgatorius

人科　Hominidae

人属　Homo

人族　Hominini

桑人　San people

始祖地猿　Ardipithecus ramidus

梭鲁特文化　Solutrean

图根原初人　Orrorin tugenensis

亚诺玛米人　Yanomami

乍得沙赫人　Sahelanthropus tchadensis

直立人　Homo erectus

智人　Homo sapiens

人名

阿兰·特斯塔特　Alain Testart

埃莉诺·斯凯里　Eleanor Scerri

爱德华-弗朗索瓦·杜邦　Édouard-François Dupont

安德烈·勒鲁瓦-古朗　Andre Leroi-Gourhan

彼得·惠勒　Peter Wheeler

布莱恩·海登　Brian Hayden

布里奇特·M. 冯·霍特　Bridgett M. von Holdt

布丽吉特·塞努特　Brigitte Senut

大卫·赖克伦　David Raichlen

丹·利伯曼　Dan Lieberman

丹尼斯·布兰布尔　Dennis Bramble

法布里斯·德米特　Fabrice Demeter

弗朗斯·德瓦尔　Frans de Waal

弗朗西斯科·德艾瑞克　Francesco d'Errico

赫尔曼·庞泽　Herman Pontzer

卡罗尔·沃德　Carol Ward

卡特琳娜·哈尔瓦提　Katerina Harvati

凯瑟琳·霍贝特　Catherine Hobaiter

克里斯·克拉克森　Chris Clarkson

拉斯·沃德林　Lars Werdelin

莱斯利·艾洛　Leslie Aiello

劳伦斯·基利　Lawrence Keeley

李·博格　Lee Berger

李相僖　Sang-Hee Lee

理查德·拜恩　Richard Byrne

理查德·兰厄姆　Richard Wrangham

罗宾·邓巴　Robin Dunbar

马丁·皮克福德　Martin Pickford

马修·贝内特　Matthew Bennett

玛尔塔·米拉松·拉尔　Marta Mirazón Lahr

玛格丽特·刘易斯　Margaret Lewis

玛丽·利基　Mary Leakey

玛丽安·范海伦　Marian Vanhaeren

米格隆　Miguelón

米歇尔·布吕内　Michel Brunet

尼娜·雅布隆斯基　Nina Jablonski

帕特·希普曼　Pat Shipman

皮埃尔·约文廷　Pierre Jouventin

让·吉莱纳　Jean Guilaine

让-皮埃尔·博凯-阿佩尔　Jean-Pierre Bocquet-Appel

让-雅克·哈布林　Jean-Jacques Hublin

瑞秋·卡斯帕里　Rachel Caspari

萨布丽娜·克里夫　Sabrina Krief

索尼娅·哈蒙德　Sonia Harmand

唐纳德·约翰逊　Donald Johanson

图迈 Toumaï

维尔·戈登·柴尔德　Vere Gordon Childe

伊夫·柯本斯　Yves Coppens

伊曼纽尔·盖伊　Emmanuel Guy

伊日·斯沃博达　Jiří Svoboda

伊薇特·德洛松　Yvette Deloison

约翰·卡普曼　John Kappelman

地名

阿尔塔米拉洞穴　Altamira Cave

阿皮迪马洞穴　Apidima Cave

阿什瓦河　Awash River

阿塔普埃尔卡山　Sierra de Atapuerca

安达卢西亚　Andalucía

奥杜瓦伊峡谷　Olduvaï Gorge

奥哈罗2号　Ohalo II

奥莫山谷　Omo Valley

鲍里地层　Bouri Formation

比兰契诺2号　Bilancino II

德雷干山　Menez Dregan

德马尼西　Dmanisi

迪基卡　Dikika

弗洛里斯　Flores

弗洛里斯巴　Florisbad

高夫洞穴　Gough’s Cave

戈纳　Gona

戈耶特洞穴　Goyet Caves

贡贝溪国家公园　Gombe Stream National Park

猴子洞　Tam Pa Ling Cave

胡瑟裂谷　Sima de los Huesos

霍伦斯泰因-施泰德洞穴　Hohlenstein-Stadel

基巴莱国家公园　Kibale National Park

迦密山　Mount Carmel

杰贝尔法亚　Jebel Faya

杰贝尔萨哈巴　Jebel Sahaba

杰贝尔依罗　Jebel Irhoud

卡夫泽洞穴　Qafzeh Cave

凯巴拉洞穴　Kebara Cave

凯塞姆洞穴　Qesem Cave

科贾巴什　Kocabas

科斯腾基14号　Kostenki 14

克拉西斯河　Klasies River

克雷姆斯-瓦特贝格　Krems-Wachtberg

库比福拉　Koobi Fora

拉斯科洞穴　Lascaux Cave

拉兹博尼契亚洞穴　Razboinichya Cave

莱昂深峡谷　Barranco León

莱托里　Laetoli

勒林根　Lehringen

洛迈奎3号　Lomekwi 3

马吉贝贝　Majedbebe

米斯利亚　Misliya

纳利奥克托米　Nariokotome

纳塔鲁克　Nataruk

努埃瓦泉　Fuenta Nueva

帕夫洛夫　Pavlov

佩格利斯洞穴　Paglicci Cave

惹班　Mojokerto

沙尼达尔　Shanidar

舍宁根　Schönigen

升星岩洞　Rising Star Cave

圣沙拜尔（一译“拉沙佩勒欧圣”）　Chapelle-aux-Saints

施瓦本侏罗山　Swabian Jura

斯虎尔洞穴　Skhul Cave

斯瓦特克朗斯　Swartkrans

松希尔　Sungir

太巴列湖　Lake Tiberias

特鲁·杜·富朗特洞穴　Trou du Frontal

图尔卡纳湖　Lake Turkana

瓦拉普勒姆　Jwalapuram

韦尔泰什瑟勒什　Vértesszöllös

乌贝迪亚　Oubedija

乌斯特-伊斯姆　Ust'-Ishim

下维斯特尼采　Dolni Věstonice

象坑　Sima del Elefante

肖维岩洞　Chauvet Cave

雅各布女儿桥　Gesher Benot Ya-aqov

耶昂　Yir'on

伊莱雷特　Ileret

祖提耶洞穴　Zuttiyeh Cave